输变电施工现场安全检查作业卡

变电站土建
与电气设备安装

国网北京市电力公司经济技术研究院
北京金电联供用电咨询有限公司 编

中国电力出版社
CHINA ELECTRIC POWER PRESS

内 容 提 要

《输变电施工现场安全检查作业卡》包括变电站土建与电气设备安装、架空电力线路、电力电缆 3 个分册。本书为《变电站土建与电气设备安装》分册，分为变电站土建工程及电气设备安装工程两章。变电站土建工程分为 16 节，分别为起重机械安装与拆除、地上变电站基坑土方开挖施工、地下变电站基坑开挖及支护施工（机械钻孔灌注桩）、地下变电站基坑开挖及支护施工（人工成孔灌注桩）、基础防水工程、基础钢筋工程、基础模板工程、基础混凝土工程、主体结构钢筋工程、主体结构模板工程、主体结构高度超过 8m 模板支撑系统工程、主体结构混凝土工程、主体结构屋面工程、砌筑工程、抹灰工程、脚手架安装与拆除；电气设备安装工程分为 8 节，分别为主变压器安装、组合电器安装、开关柜安装、附属设备安装、架构组立、屏柜安装、电缆敷设及接线、系统调试。

本书可供变电站土建与电气设备安装工程监管施工、监理及施工单位检查人员学习使用。

图书在版编目（CIP）数据

输变电施工现场安全检查作业卡．变电站土建与电气设备安装／国网北京市电力公司经济技术研究院，北京金电联供用电咨询有限公司编．—北京：中国电力出版社，2020.1（2020.5重印）

　ISBN 978-7-5198-4058-7

　Ⅰ．①输…　Ⅱ．①国…②北…　Ⅲ．①输配电－电力工程－工程施工－安全技术②变电所－建筑工程－工程施工－安全技术③变电所－电气设备－设备安装－安全技术　Ⅳ．① TM7

　中国版本图书馆 CIP 数据核字（2019）第 256904 号

出版发行：中国电力出版社
地　　址：北京市东城区北京站西街 19 号（邮政编码 100005）
网　　址：http://www.cepp.sgcc.com.cn
责任编辑：肖　敏（010-63412363）
责任校对：黄　蓓　朱丽芳
装帧设计：张俊霞
责任印制：石　雷

印　　刷：三河市万龙印装有限公司
版　　次：2020 年 1 月第一版
印　　次：2020 年 5 月北京第二次印刷
开　　本：787 毫米 ×1092 毫米　16 开本
印　　张：6.5
字　　数：166 千字
印　　数：1501—2500 册
定　　价：25.00 元

前　言

　　随着我国电网规模不断扩大，各类输变电现场施工任务繁重。国家电网有限公司发布"深化基建队伍改革、强化施工安全管理"十二项配套措施，破解影响输变电施工安全的难题。国网北京市电力公司认真贯彻各项国家安全生产法规制度和国家电网有限公司工作要求，全面落实基建专项改革决策部署，并结合北京地区实际情况，统筹考虑，主动适应，不断完善基建业务管理模式，逐步充实基建队伍资源，全面提升安全管控机制，有效保证了电网长期安全稳定局面，为社会发展提供了安全可靠的电力支撑。

　　国网北京市电力公司作为保障民生和助力首都经济发展的行业龙头，积极响应北京市政府号召，2015 年以来，大力开展北京市城市副中心电力建设、大兴新机场电力建设、"煤改电"清洁能源替换、配电网改造、充电桩建设等各类输变电建设工程。各类现场作业任务繁重，每日作业现场最多 300 余个，作业人员数千人。2015～2018 年，参与北京市输变电施工作业的相关企业超过 700 个，作业人员超过 5 万人。

　　生产作业现场安全检查是输变电施工安全生产监督的基础性工作，将安全检查做深做透，才能及时发现并处理安全隐患，做到安全预防有成效。为了规范输变电施工现场检查人员日常检查工作，增强现场安全检查实效，推动现场安全作业管理水平不断提高，作者参考相关标准、规程、规范及其他规定，结合实际工作经验，组织编写《输变电施工现场安全检查作业卡》，包括变电站土建与电气设备安装、架空电力线路、电力电缆 3 个分册。

　　本书为《变电站土建与电气设备安装》分册，分为变电站土建工程及电气设备安装工程两章。变电站土建工程按检查工序分为 16 节，分别为起重机械安装与拆除、地上变电站基坑土方开挖施工、地下变电站基坑开挖及支护施工（机械钻孔灌注桩）、地下变电站基坑开挖及支护施工（人工成孔灌注桩）、基础防水工程、基础钢筋工程、基础模板工程、基础混凝土工程、主体结构钢筋工程、主体结构模板工程、主体结构高度超过 8m 模板支撑系统工程、主体结构混凝土工程、主体结构屋面工程、砌筑工程、抹灰工程、脚手架安装与拆除。电气设备安装工程按检查工序分为 8 节，分别为主变压器安装、组合电器安装、开关柜安装、附属设备安装、架构组立、屏柜安装、电缆敷设及接线、系统调试。本书主要由检查表（包括组织措施、人员、设备、安全技术措施等检查内容、标准及结果）、各参建单位及各二级巡检组监督检查情况表组成，可供变电站土建与电气设备安装工程监管施工、监理及施工单位检查人员学习使用。

　　由于编写人员水平有限，书中难免存在不妥和疏漏之处，恳请广大读者批评指正。

编者

2019 年 10 月

目 录

1

变电站土建工程

1.1 起重机械设备安装与拆除

起重机械设备安装与拆除检查表见表1-1-1。

表1-1-1　　　　　　　　　起重机械设备安装与拆除检查表

工程名称：　　　　　　　　　　　　　　　　施工区域：

工序	类别	检查内容	检查标准	检查结果		
				施工项目部	监理项目部	业主项目部
起重机械设备安装与拆除	组织措施	现场资料配置	施工现场应留存下列资料： 1. 起重机械安装、拆除施工方案或作业指导书。 2. 起重机械检测合格报告、建委备案证。 3. 起重机械租赁合同、安全协议及其他建委要求文件。 4. 安全风险交底材料：交底记录复印件或作业票签字。 5. 安全施工作业票。 6. 工作票交底视频录像或录音。 7. 输变电工程施工作业风险控制卡	□合　格 □不合格	□合　格 □不合格	□合　格 □不合格
		现场资料要求	1. 施工方案编制、审批手续齐全，施工负责人正确描述方案主要内容，现场按照施工方案执行。 2. 三级及以上风险等级工序作业前，办理"输变电工程安全施工作业票B"，制定"输变电工程施工作业风险控制卡"，补充风险控制措施，并由项目经理签发，填写风险复测单。 3. 安全风险识别、评估准确，各项预控措施具有针对性。 4. 作业开始前，工作负责人对作业人员进行全员交底，内容与施工方案一致，并组织全员签字。 5. 每项作业开始前，工作负责人对作业人员进行全员交底，并组织作业人员在作业票上签字。工作内容与人员发生变化时，须再次交底并填写作业票。 6. 作业过程中，工作负责人按照作业流程，逐项确认风险控制措施落实情况。 7. 作业票的工作内容、施工人员与现场一致	□合　格 □不合格	□合　格 □不合格	□合　格 □不合格
		现场安全文明施工标准化要求	1. 施工人员着装统一，正确佩戴安全防护用品，工作负责人穿红马甲，安全监护人穿黄马甲。 2. 工器具等分类码放整齐，标识清晰。 3. 起重机械场地硬化、排水畅通。 4. 起重机械设置操作规程牌、"十不吊"、防攀爬设施，设置封闭围栏。 5. 起重机械设置明显防雷接地。 6. 施工现场应做到装拆完毕后，及时清理装拆场地	□合　格 □不合格	□合　格 □不合格	□合　格 □不合格

工序	类别	检查内容	检查标准	检查结果		
				施工项目部	监理项目部	业主项目部
起重机械设备安装与拆除	人员	现场人员配置	1. 施工负责人应为施工总承包单位人员（落实"同进同出"相关要求）。 2. 现场指挥人、安全监护人等人员配置齐全（其中施工负责人：1人；现场指挥人：1人；安全监护人：1人；起重机司机：2人；司索信号工：2人）	□合 格 □不合格	□合 格 □不合格	□合 格 □不合格
		现场人员要求	1. 施工负责人为施工总承包单位人员（落实"同进同出"相关要求）。 2. 起重机司机、司索信号工、挖掘机司机、电工、电焊工，须持有政府部门颁发的特种作业资格证书。 3. 项目经理、项目总工、专职安全员应通过公司的基建安全培训和考试合格后持证上岗。 4. 施工负责人、现场指挥人、安全监护人、质量员、测量员等人员配置齐全，经过培训并考试合格，持有相应证书。 5. 施工人员上岗前应进行岗位培训及安全教育并考试合格	□合 格 □不合格	□合 格 □不合格	□合 格 □不合格
	设备	现场设备配置	相关配置信息见表1-1-3	□合 格 □不合格	□合 格 □不合格	□合 格 □不合格
		现场设备要求	1. 机械设备、工器具、安全设施和计量仪器的定期检验合格证明、检测报告等齐全，且在有效期内。 2. 工器具、安全设施的进场检查记录齐全、规范。涉及设备租赁，须在作业前签订租赁合同及安全协议。 3. 现场机械设备应有序布置、分类码放、标识清晰。 4. 起重机械应定期观测，并保留观测记录	□合 格 □不合格	□合 格 □不合格	□合 格 □不合格
	安全技术措施	常规要求	1. 机械设施安装稳固，机械的安全防护装置齐全有效。 2. 起重机械设备进行可靠接地。 3. 起重机械旋转半径内设置安全区域、警戒线和防护设施，并派专人监护，禁止非作业人员进入。 4. 起重机械（塔吊）四周设置防攀爬设施，高度不低于2m。 5. 雨季施工做好防雨、防雷、防暑、防滑措施。	□合 格 □不合格	□合 格 □不合格	□合 格 □不合格

工序	类别	检查内容	检查标准	检查结果		
				施工项目部	监理项目部	业主项目部
起重机械设备安装与拆除	安全技术措施	常规要求	6. 冬季施工做好保温、防冻、防滑、防火措施。 7. 参加高处作业的人员，应体检合格，正确佩戴安全帽、安全带、防滑鞋，以防高空坠落；安全带，高挂低用。 8. 起重机械须派专人定期观测，并保留观测记录。 9. 起重机械旋转半径范围内禁止建设项目部、生活区等临建设施	□合　格 □不合格	□合　格 □不合格	□合　格 □不合格
		专项措施	1. 起重机械安装前，要对结构检查有无变形、开焊、裂纹、破损，连接螺栓和拧紧力矩是否符合安全要求；拆卸前要对机械进行检查，是否存在安全问题，确认后才能进行拆卸。 2. 起重机械安装人员必须按照起重机械说明书和安全技术要求进行安装，不准随便更改。 3. 在安装、拆除吊运过程中，要选好吊物的中心，吊索正确挂在吊点上，要确保安全。 4. 安装该塔时，严禁只安装一个臂或只拆一个臂就中断作业。 5. 顶升过程中，要求按顶升工艺进行，各部销子安装正确，开口销打开，注意查看支承轮间隙是否一致；顶升作业风力4级以上不得进行，顶升过程中不得转臂，并将回转左右打眼固定。 6. 起重机械使用过程中执行"十不吊"规定，风力6级以上不得进行起重作业。 7. 拆卸由上往下按技术要求进行拆卸，不得违章作业。 8. 严禁向下抛扔工具及设备零部件，现场由专职安全员监护，设立作业现场的安全警戒区，严禁非拆装人员和机动人员进入现场，以防发生意外事故。 9. 对所拆装的机械，检查各结构应灵敏，不能有变形、开焊，电器限位应齐全、灵敏，保证绝无事故隐患存在。 10. 遵守与执行起重机械操作规程、工艺流程；钢丝绳、卡环、螺栓、开口销、销轴不能以小带大；吊钩设置防脱落装置	□合　格 □不合格	□合　格 □不合格	□合　格 □不合格

续表

工序	类别	检查内容	检查标准	检查结果		
				施工项目部	监理项目部	业主项目部
起重机械设备安装与拆除	安全技术措施	施工示意图	如图 1-1-1 所示。 图 1-1-1 施工示意图	□合　格 □不合格	□合　格 □不合格	□合　格 □不合格

施工项目部自查日期：　　　　　　监理项目部检查日期：　　　　　　业主项目部检查日期：

检查人签字：　　　　　　　　　　检查人签字：　　　　　　　　　　检查人签字：

各参建单位及各二级巡检组监督检查情况见表 1-1-2。

表 1-1-2　　　　　　各参建单位及各二级巡检组监督检查情况

建管单位：	监理单位：	施工单位：
（建设管理、监理、施工单位及各自二级巡检组监督检查情况，应填写检查单位、检查时间、检查人员及检查结果） 		

表 1-1-3　　　　　　　　　　现场主要设备配置表

设备名称	规格和数量		
	110kV	220kV	500kV
移动式起重机	50t，1 台	50t，1 台	50t，1 台
运输车辆	12m，3 辆	12m，3 辆	12m，3 辆
安全设施	安全带，5 套	安全带，5 套	安全带，5 套
	防滑鞋，5 双	防滑鞋，5 双	防滑鞋，5 双
	防攀爬设施高度不低于 2m	防攀爬设施高度不低于 2m	防攀爬设施高度不低于 2m
计量仪器	经纬仪，1 台；水平仪，1 台	经纬仪，1 台；水平仪，1 台	经纬仪，1 台；水平仪，1 台

1.2 地上变电站基坑土方开挖施工

地上变电站基坑土方开挖施工检查表见表1-2-1。

表1-2-1　　　　　　　　地上变电站基坑土方开挖施工检查表

工程名称：　　　　　　　　　　　　　　　　　施工区域：

工序	类别	检查内容	检查标准	检查结果		
				施工项目部	监理项目部	业主项目部
地上变电站基坑土方开挖施工	组织措施	现场资料配置	施工现场应留存下列资料： 1. 专项安全施工方案或作业指导书（基坑深度超过5m或虽未超过5m但周边环境复杂的）基坑专项设计图纸、基坑专项施工方案，专家论证报告等。 2. 安全风险交底材料：交底记录复印件或作业票签字。 3. 安全施工作业票。 4. 工作票交底视频录像或录音。 5. 输变电工程施工作业风险控制卡	□合　格 □不合格	□合　格 □不合格	□合　格 □不合格
		现场资料要求	1. 施工方案编制、审批手续齐全，施工负责人正确描述方案主要内容，现场按照施工方案执行。基坑深度超过5m或虽未超过5m但周边环境复杂的基坑专项施工方案，需通过专家论证。 2. 二级及以下风险等级工序作业前，办理"输变电工程安全施工作业票A"，明确风险预控措施，并由施工队长签发。 3. 三级及以上风险等级工序作业前，办理"输变电工程安全施工作业票B"，制定"输变电工程施工作业风险控制卡"，补充风险控制措施，并由项目经理签发，填写风险复测单。 4. 安全风险识别、评估准确，各项预控措施具有针对性。 5. 作业开始前，工作负责人对作业人员进行全员交底，内容与施工方案一致，并组织全员签字。 6. 每项作业开始前，工作负责人对作业人员进行全员交底，并组织作业人员在作业票上签字。工作内容与人员发生变化时，须再次交底并填写作业票。 7. 作业过程中，工作负责人按照作业流程，逐项确认风险控制措施落实情况。 8. 作业票的工作内容、施工人员与现场一致	□合　格 □不合格	□合　格 □不合格	□合　格 □不合格
		现场安全文明施工标准化要求	1. 施工现场基坑规范设置安全围栏、施工通道和安全警示标识。 2. 基坑上下出入口处设安全警示牌：①必须戴安全帽；②高处作业必须系安全带；③当心落物。	□合　格 □不合格	□合　格 □不合格	□合　格 □不合格

工序	类别	检查内容	检查标准	检查结果		
				施工项目部	监理项目部	业主项目部
地上变电站基坑土方开挖施工	组织措施	现场安全文明施工标准化要求	3. 施工人员着装统一，正确佩戴安全防护用品，工作负责人穿红马甲，安全监护人穿黄马甲。 4. 工器具、材料分类码放整齐，标识清晰。 5. 控制现场扬尘污染，土方进行覆盖。 6. 渣土运输车采用封闭式，进出车辆清洗轮胎	□合　格 □不合格	□合　格 □不合格	□合　格 □不合格
	人员	现场人员配置	1. 施工负责人应为施工总承包单位人员（落实"同进同出"相关要求）。 2. 现场指挥人、安全监护人、质量员等人员配置齐全（其中施工负责人：1人；安全监护人：2人；质量员：2人；测量员：2人；电工：2人；挖掘机司机：2人；运输车司机：15人；其他施工员：10人）	□合　格 □不合格	□合　格 □不合格	□合　格 □不合格
		现场人员要求	1. 施工负责人为施工总承包单位人员（落实"同进同出"相关要求）。 2. 起重机司机、司索信号工、挖掘机司机、电工、电焊工，须持有政府部门颁发的特种作业资格证书。 3. 项目经理、项目总工、专职安全员应通过公司的基建安全培训和考试合格后持证上岗。 4. 施工负责人、现场指挥人、安全监护人、质量员、测量员等人员配置齐全，经过培训并考试合格，持有相应证书。 5. 施工人员上岗前应进行岗位培训及安全教育并考试合格	□合　格 □不合格	□合　格 □不合格	□合　格 □不合格
	设备	现场设备配置	施工机械（起重机、挖掘机、运输车辆、打夯机、碾压机、锚喷机、空压机等）和计量仪器（全站仪、水平仪、经纬仪等）的数量、规格符合施工方案的要求，配置信息见表1-2-3	□合　格 □不合格	□合　格 □不合格	□合　格 □不合格
		现场设备要求	1. 机械设备、工器具、安全设施和计量仪器的定期检验合格证明、检测报告等齐全，且在有效期内。 2. 工器具、安全设施的进场检查记录齐全、规范；涉及设备租赁，须在作业前签订租赁合同及安全协议。 3. 现场机械设备应有序布置、分类码放、标识清晰。 4. 机械应定期检查、维修保养，并留存记录。 5. 各种机械设备采用"一机一闸、一箱一漏"保护措施，外壳可靠接地。 6. 机械设备进行维修或停机，必须切断电源，锁好箱门	□合　格 □不合格	□合　格 □不合格	□合　格 □不合格

工序	类别	检查内容	检查标准	检查结果		
				施工项目部	监理项目部	业主项目部
地上变电站基坑土方开挖施工	安全技术措施	常规要求	1. 基坑规范设置安全通道、安全护栏及警示标志；基坑护栏对角设置接地线。 2. 基坑四周严禁超载。 3. 超过5m的深基坑支护应按方案执行，加强监测。 4. 雨季施工应加强基坑降排水措施。基坑围挡设置挡水台，基底设排水沟、集水坑，配备防汛物资，做好防汛应急演练。 5. 夜间施工时设置充足、安全可靠的照明。 6. 冬季施工应加强防滑、防冻、防火措施。 7. 支护工程作为专业分包的，应执行国家电网有限公司分包相关规定，分包合同、协议、视频授权、交底、人员资质等齐全有效	□合 格 □不合格	□合 格 □不合格	□合 格 □不合格
		专项措施	1. 土方开挖必须经计算确定放坡系数，分层开挖，基坑深度超过5m或虽未超过5m但周围环境复杂时，应采取支护措施，并进行专家论证。 2. 基坑顶部按规范要求设置挡水墙，基坑底部设集水坑。基坑护栏高度不小于1.2m，对角设置防雷接地。 3. 一般土质条件下弃土堆底至基坑顶边距离不小于1.2m，弃土堆高不超过1.5m，垂直坑壁边坡条件下弃土堆底至基坑顶边距离不小于3m，软土场地的基坑边则不应在基坑边堆土。 4. 土方开挖、支护过程中加强巡视和监测，观测基坑周边土质是否存在裂缝、变形及渗水等异常情况，如有异常及时采取处理措施。 5. 规范设置供作业人员上下基坑的安全通道（不少于两处），基坑边缘按规范要求设置安全护栏。 6. 挖土区域设警戒线，各种机械、车辆严禁在开挖的基础边缘2m内行驶、停放。 7. 基坑支护应分层开挖、边挖边护、严禁超挖，挖一步护一步，确保基坑安全	□合 格 □不合格	□合 格 □不合格	□合 格 □不合格

续表

工序	类别	检查内容	检查标准	检查结果		
				施工项目部	监理项目部	业主项目部
地上变电站基坑土方开挖施工	安全技术措施	施工示意图	如图 1-2-1 所示。 1.2m高围栏，设密目网 挡水墙 1200 1000 按方案进行放坡，如有必要须进行支护措施 800 集水坑 图 1-2-1　施工示意图	□合　格 □不合格	□合　格 □不合格	□合　格 □不合格

施工项目部自查日期：　　　　　　　监理项目部检查日期：　　　　　　　业主项目部检查日期：

检查人签字：　　　　　　　　　　　检查人签字：　　　　　　　　　　　检查人签字：

各参建单位及各二级巡检组监督检查情况见表 1-2-2。

表 1-2-2　　　　　　　　各参建单位及各二级巡检组监督检查情况

建管单位：	监理单位：	施工单位：
（建设管理、监理、施工单位及各自二级巡检组监督检查情况，应填写检查单位、检查时间、检查人员及检查结果）		

表 1-2-3　　　　　　　　　　现场主要设备配置表

设备名称	规格和数量		
	110kV	220kV	500kV
起重机	1 台	1 台	1 台
挖掘机	2 台	2 台	2 台
运输车辆	15 台	20 台	20 台
打夯机	4 台	4 台	4 台

续表

设备名称	规格和数量		
	110kV	220kV	500kV
碾压机	1台	1台	1台
装载机	1台	1台	1台
空压机（支护作业）	2台	2台	2台
锚喷机（支护作业）	2台	2台	2台
密目网	1.5m×6m，30块	1.5m×6m，60块	1.5m×6m，90块
钢管	6m，90根；2m，60根	6m，180根；2m，120根	6m，270根；2m，180根
接地扁钢	3m	3m	3m
计量仪器	全站仪，1台；经纬仪，1台；水平仪，1台	全站仪，1台；经纬仪，1台；水平仪，1台	全站仪，1台；经纬仪，1台；水平仪，1台

1.3 地下变电站基坑开挖及支护施工（机械钻孔灌注桩）

地下变电站基坑开挖及支护施工（机械钻孔灌注桩）检查表见表1-3-1。

表1-3-1 地下变电站基坑开挖、支护施工——机械钻孔灌注桩检查表

工程名称： 施工区域：

工序	类别	检查内容	检查标准	检查结果		
				施工项目部	监理项目部	业主项目部
地下变电站基坑开挖及支护施工（机械钻孔灌注桩）	组织措施	现场资料配置	施工现场应留存下列资料： 1. 深基坑支护设计方案、专项安全施工方案、专家论证报告。 2. 安全风险交底材料：交底记录复印件或作业票签字。 3. 安全施工作业票。 4. 工作票交底视频录像或录音。 5. 输变电工程施工作业风险控制卡	□合格 □不合格	□合格 □不合格	□合格 □不合格
		现场资料要求	1. 施工方案编制、审批手续齐全，施工负责人正确描述方案主要内容，现场按照施工方案执行；专项设计、施工方案经专家论证后施工。 2. 二级及以下风险等级工序作业前，办理"输变电工程安全施工作业票A"，明确风险预控措施，并由施工队长签发。 3. 三级及以上风险等级工序作业前，办理"输变电工程安全施工作业票B"，制定"输变电工程施工作业风险控制卡"，补充风险控制措施，并由项目经理签发，填写风险复测单。 4. 安全风险识别、评估准确，各项预控措施具有针对性。	□合格 □不合格	□合格 □不合格	□合格 □不合格

续表

工序	类别	检查内容	检查标准	检查结果		
				施工项目部	监理项目部	业主项目部
地下变电站基坑开挖及支护施工（机械钻孔灌注桩）	组织措施	现场资料要求	5. 作业开始前，工作负责人对作业人员进行全员交底，内容与施工方案一致，并组织全员签字。 6. 每项作业开始前，工作负责人对作业人员进行全员交底，并组织作业人员在作业票上签字；工作内容与人员发生变化时，须再次交底并填写作业票。 7. 作业过程中，工作负责人按照作业流程，逐项确认风险控制措施落实情况。 8. 作业票的工作内容、施工人员与现场一致	□合格 □不合格	□合格 □不合格	□合格 □不合格
		现场安全文明施工标准化要求	1. 施工现场规范设置安全围栏和安全警示标识。 2. 基坑上下出入口处设安全警示牌：①必须戴安全帽；②高处作业必须系安全带；③当心落物。 3. 施工人员着装统一，正确佩戴安全防护用品，工作负责人穿红马甲，安全监护人穿黄马甲。 4. 工器具、材料分类码放整齐，标识清晰。 5. 现场采取降噪等环保措施，控制现场扬尘污染，土方进行覆盖，渣土运输车采用封闭式，进出车辆清洗轮胎	□合格 □不合格	□合格 □不合格	□合格 □不合格
	人员	现场人员配置	1. 施工负责人应为施工总承包单位人员（落实"同进同出"相关要求）。 2. 现场指挥人、安全监护人、质量员等人员配置齐全（其中施工负责人：1人；现场指挥人：1人；安全监护人：2人；质量员：2人；测量员：2人；电工：2人；起重机司机：1人；司索信号工：1人；其他人员：20人）	□合格 □不合格	□合格 □不合格	□合格 □不合格
		现场人员要求	1. 施工负责人为施工总承包单位人员（落实"同进同出"相关要求）。 2. 起重机司机、司索信号工、挖掘机司机、电工、电焊工，须持有政府部门颁发的特种作业资格证书。 3. 项目经理、项目总工、专职安全员应通过公司的基建安全培训和考试合格后持证上岗。 4. 施工负责人、现场指挥人、安全监护人、质量员、测量员等人员配置齐全，经过培训并考试合格，持有相应证书。 5. 施工人员上岗前应进行岗位培训及安全教育并考试合格	□合格 □不合格	□合格 □不合格	□合格 □不合格

续表

工序	类别	检查内容	检查标准	检查结果		
				施工项目部	监理项目部	业主项目部
地下变电站基坑开挖及支护施工（机械钻孔灌注桩）	设备	现场设备配置	施工机械（钻探机、起重机、运输车、打夯机、碾压机、挖掘机等）和计量仪器（全站仪、水平仪、经纬仪等）的数量、规格符合施工方案的要求，配置信息见表1-3-3	□合　格 □不合格	□合　格 □不合格	□合　格 □不合格
		现场设备要求	1. 机械设备、工器具、安全设施和计量仪器的定期检验合格证明、检测报告等齐全，且在有效期内。 2. 工器具、安全设施的进场检查记录齐全、规范；涉及设备租赁，须在作业前签订租赁合同及安全协议。 3. 现场机械设备应有序布置、分类码放、标识清晰。 4. 机械应定期检查、维修保养，并留存记录。 5. 各种机械设备采用"一机一闸、一箱一漏"保护措施，外壳可靠接地。 6. 机械设备进行维修或停机，必须切断电源，锁好箱门。 7. 钢丝绳规格应经过计算，符合现场起重要求，不得有断丝现象	□合　格 □不合格	□合　格 □不合格	□合　格 □不合格
	安全技术措施	常规要求	1. 基坑规范设置安全通道、安全护栏及警示标志，上下设工作扶梯；基坑护栏对角设置接地线。 2. 基坑四周严禁超载。 3. 深基坑支护应按方案执行，加强监测。 4. 雨季施工应加强基坑降排水措施；基坑围挡设置挡水台，基底设排水沟、集水坑，配备防汛物资，做好防汛应急演练。 5. 夜间施工时设置充足、安全可靠的照明。 6. 冬季施工应加强防滑、防冻、防火措施。 7. 桩基工程作为专业分包的，应执行国家电网有限公司分包相关规定，分包合同、协议、视频授权、交底、人员资质等齐全有效。 8. 做好施工应急预案，一旦出现塌方等异常情况，立即启动应急预案	□合　格 □不合格	□合　格 □不合格	□合　格 □不合格

工序	类别	检查内容	检查标准	检查结果		
				施工项目部	监理项目部	业主项目部
地下变电站基坑开挖及支护施工（机械钻孔灌注桩）	安全技术措施	专项措施	1. 深基坑土方开挖及支护措施应依据施工方案进行；危险性较大的深基坑设置斜撑或对撑。 2. 钻探机安装前检查钻杆及各部件，确保安装部件无变形，安装钻杆时，应从动力头开始，逐节往下安装，不得将所需钻杆长度在地面上全部接好后一次起吊安装。 3. 启动钻探机钻到 0.5～1m 深，经检查一切正常后，再继续进钻，钻探机运转时，电工要监护作业，防止电缆线缠入钻杆。 4. 钻进时排出孔口的土应随时清除、运走；清除钻杆和螺旋叶片上的泥土，要用铁锹进行，严禁用手清除。 5. 起吊送放钢筋笼时，应拉好方向控制绳，由专人指挥，严禁钢筋笼下站人。 6. 向孔内送放钢筋笼要垂直扶稳对准孔口慢速下笼，就位后立即固定；钢筋笼过长时，可分两段吊放，采用电焊连接。 7. 起重机、打桩机工作处地面平整稳固，支腿垫木坚硬，满足机械稳定要求，起重机位置满足吊装要求。起重机作业必须在专人指挥下进行，做到定机、定人、定指挥；严格控制起重机回转半径，避免触及周围建筑物与高压线；起重机、打桩机均要进行有效可靠接地。 8. 基坑顶部按规范要求设置挡水墙，基坑底部设集水坑；基坑护栏高度不小于1.2m，对角设置防雷接地。 9. 一般土质条件下弃土堆底至基坑顶边距离不小于 1.2m，弃土堆高不超过 1.5m，垂直坑壁边坡条件下弃土堆底至基坑顶边距离不小于 3m，软土场地的基坑边则不应在基坑边堆土。 10. 规范设置供作业人员上下基坑的安全通道（不少于两处），基坑边缘按规范要求设置安全护栏。 11. 挖土区域设警戒线，各种机械、车辆严禁在开挖的基础边缘 2m 内行驶、停放。 12. 基坑土方开挖应分层、分段开挖，严禁超挖；用起重机将挖掘机和运输车吊至地面。 13. 定期对基坑支护变形、建筑物、管线及道路沉降监测	□合 格 □不合格	□合 格 □不合格	□合 格 □不合格

工序	类别	检查内容	检查标准	检查结果		
				施工 项目部	监理 项目部	业主 项目部
地下变电站基坑开挖及支护施工（机械钻孔灌注桩）	安全技术措施	施工示意图	如图 1-3-1 所示 图 1-3-1　施工示意图	□合　格 □不合格	□合　格 □不合格	□合　格 □不合格

施工项目部自查日期：　　　　　　　监理项目部检查日期：　　　　　　　业主项目部检查日期：

检查人签字：　　　　　　　　　　　检查人签字：　　　　　　　　　　　检查人签字：

各参建单位及各二级巡检组监督检查情况见表 1-3-2。

表 1-3-2　　　　　　　　各参建单位及各二级巡检组监督检查情况

建管单位：	监理单位：	施工单位：
（建设管理、监理、施工单位及各自二级巡检组监督检查情况，应填写检查单位、检查时间、检查人员及检查结果）		

表 1-3-3　　　　　　　　　现场主要设备配置表

设备名称	规格和数量		
	110kV	220kV	500kV
钻探机	1 台	2 台	2 台
起重机	1 台	1 台	1 台
挖掘机	2 台	2 台	2 台
打夯机	4 台	4 台	4 台

设备名称	规格和数量		
	110kV	220kV	500kV
碾压机	1 台	1 台	1 台
运输车辆	15 台	20 台	20 台
装载机	1 台	1 台	1 台
钢丝绳	ϕ72mm×6m，2 根	ϕ72mm×6m，2 根	ϕ72mm×6m，2 根
计量仪器	全站仪，1 台； 经纬仪，1 台； 水平仪，1 台	全站仪，1 台； 经纬仪，1 台； 水平仪，1 台	全站仪，1 台； 经纬仪，1 台； 水平仪，1 台

1.4 地下变电站基坑开挖及支护施工（人工成孔灌注桩）

地下变电站基坑开挖及支护施工（人工成孔灌注桩）检查表见表1-4-1。

表 1-4-1 地下变电站基坑开挖及支护施工——人工成孔灌注桩检查表

工程名称： 施工区域：

工序	类别	检查内容	检查标准	检查结果		
				施工项目部	监理项目部	业主项目部
地下变电站基坑开挖及支护施工（人工成孔灌注桩）	组织措施	现场资料配置	施工现场应留存下列资料： 1. 深基坑支护设计方案、专项安全施工方案、专家论证报告。 2. 安全风险交底材料：交底记录复印件或作业票签字。 3. 安全施工作业票。 4. 工作票交底视频录像或录音。 5. 输变电工程施工作业风险控制卡。 6. 有毒有害气体检测记录	□合格 □不合格	□合格 □不合格	□合格 □不合格
		现场资料要求	1. 施工方案编制、审批手续齐全，施工负责人正确描述方案主要内容，现场按照施工方案执行；专项设计、施工方案经专家论证后施工。 2. 二级及以下风险等级工序作业前，办理"输变电工程安全施工作业票 A"，明确风险预控措施，并由施工队长签发。 3. 三级及以上风险等级工序作业前，办理"输变电工程安全施工作业票 B"，制定"输变电工程施工作业风险控制卡"，补充风险控制措施，并由项目经理签发，填写风险复测单。 4. 安全风险识别、评估准确，各项预控措施具有针对性。 5. 作业开始前，工作负责人对作业人员进行全员交底，内容与施工方案一致，并组织全员签字。	□合格 □不合格	□合格 □不合格	□合格 □不合格

工序	类别	检查内容	检查标准	检查结果		
				施工项目部	监理项目部	业主项目部
地下变电站基坑开挖及支护施工（人工成孔灌注桩）	组织措施	现场资料要求	6. 每项作业开始前，工作负责人对作业人员进行全员交底，并组织作业人员在作业票上签字；工作内容与人员发生变化时，须再次交底并填写作业票。 7. 作业过程中，工作负责人按照作业流程，逐项确认风险控制措施落实情况。 8. 作业票的工作内容、施工人员与现场一致	□合格 □不合格	□合格 □不合格	□合格 □不合格
		现场安全文明施工标准化要求	1. 施工现场规范设置安全围栏和安全警示标识。 2. 基坑上下出入口处设安全警示牌：①必须戴安全帽；②高处作业必须系安全带；③当心落物。 3. 施工人员着装统一，正确佩戴安全防护用品，工作负责人穿红马甲，安全监护人穿黄马甲。 4. 工器具、材料分类码放整齐，标识清晰。 5. 现场采取降噪、环保等措施，控制现场扬尘污染，土方进行覆盖，渣土运输车采用封闭式，进出车辆清洗轮胎。 6. 有限空间作业设施配备齐全（气体检测仪、照明、通风等）	□合格 □不合格	□合格 □不合格	□合格 □不合格
	人员	现场人员配置	1. 施工负责人应为施工总承包单位人员（落实"同进同出"相关要求）。 2. 现场指挥人、安全监护人、质量员等人员配置齐全（其中施工负责人：1人；现场指挥人：1人；安全监护人：2人；质量员：2人；测量员：2人；电工：2人；起重机司机：1人；司索信号工：1人；其他施工员：30人）	□合格 □不合格	□合格 □不合格	□合格 □不合格
		现场人员要求	1. 施工负责人为施工总承包单位人员（落实"同进同出"相关要求）。 2. 起重机司机、司索信号工、挖掘机司机、电工、电焊工，须持有政府部门颁发的特种作业资格证书。 3. 项目经理、项目总工、专职安全员应通过公司的基建安全培训和考试合格后持证上岗。 4. 施工负责人、现场指挥人、安全监护人、质量员、测量员等人员配置齐全，经过培训并考试合格，持有相应证书。 5. 施工人员上岗前应进行岗位培训及安全教育并考试合格	□合格 □不合格	□合格 □不合格	□合格 □不合格

续表

工序	类别	检查内容	检查标准	检查结果		
				施工项目部	监理项目部	业主项目部
地下变电站基坑开挖及支护施工（人工成孔灌注桩）	设备	现场设备配置	施工机械（电动葫芦或卷扬机、起重机、运输车辆、打夯机、碾压机、挖掘机等）和计量仪器（全站仪、水平仪、经纬仪等）的数量、规格符合施工方案的要求，配置信息见表1-4-3	□合 格 □不合格	□合 格 □不合格	□合 格 □不合格
		现场设备要求	1. 机械设备、工器具、安全设施和计量仪器的定期检验合格证明、检测报告等齐全，且在有效期内。 2. 工器具、安全设施的进场检查记录齐全、规范；涉及设备租赁的，须在作业前签订租赁合同及安全协议。 3. 现场机械设备应有序布置、分类码放、标识清晰。 4. 机械应定期检查、维修保养，并留存记录。 5. 各种机械设备采用"一机一闸、一箱一漏"保护措施，外壳可靠接地。 6. 机械设备进行维修或停机，必须切断电源，锁好箱门。 7. 钢丝绳规格应经过计算，符合现场起重要求，不得有断丝现象	□合 格 □不合格	□合 格 □不合格	□合 格 □不合格
	安全技术措施	常规要求	1. 基坑规范设置安全通道、安全护栏及警示标志，上下设工作扶梯，基坑护栏对角设置接地线。 2. 基坑四周严禁超载。 3. 深基坑支护应按方案执行，监测记录齐全。 4. 雨季施工应加强基坑降排水措施；基坑围挡设置挡水台，基底设排水沟、集水坑，配备防汛物资，做好防汛应急演练。 5. 夜间施工时设置充足、安全可靠的照明。 6. 冬季施工应加强防滑、防冻、防火措施。 7. 桩基工程作为专业分包的，应执行国家电网有限公司分包相关规定，分包合同、协议、视频授权、交底、人员资质等齐全有效。 8. 人工成孔灌注桩应做好井下有毒有害气体检测，并留存记录，井底应设照明、通风的设备设施。 9. 做好施工应急预案，一旦出现塌方等异常情况，立即启动应急预案	□合 格 □不合格	□合 格 □不合格	□合 格 □不合格

续表

工序	类别	检查内容	检查标准	检查结果		
				施工项目部	监理项目部	业主项目部
地下变电站基坑开挖及支护施工（人工成孔灌注桩）	安全技术措施	专项措施	1. 深基坑土方开挖及支护措施应依据施工方案进行，危险性较大的深基坑设置斜撑或对撑。 2. 桩孔口安装水平推移的活动安全盖板，当桩孔内有人挖土时，应盖好安全盖板，防止杂物掉下砸伤人。 3. 从第二节桩孔开始，利用提升设备运土，桩孔内人员应正确佩戴安全帽，地面人员应系好安全带，设置应急软爬梯供人员上下井。 4. 每日开工前必须检测井下有无有毒、有害气体，并应有足够的安全防护措施。 5. 当桩深大于10m时，井底应设照明，且照明必须采用12V以下电源，带罩防水安全灯具；应设专门向井下送风的设备，风量不得少于25L/s，且孔内电缆必须有防磨损、防潮、防断等保护措施。 6. 操作时上下人员轮换作业，桩孔上人员密切观察桩孔下人员的情况，互相呼应，不得擅离岗位。 7. 在孔内上下传送工具物品时，严禁抛掷，严防孔口的物件落入桩孔内。 8. 吊运土不要满装，以防提升时掉落伤人；使用的电动葫芦、吊笼等应安全可靠并配有自动卡紧保险装置；电动葫芦宜用按钮式开关，使用前必须检验其安全起吊能力；挖出的土方应及时运离孔口，不得堆放在孔口四周1m范围内，3m内不得有机动车辆行驶或停放。 9. 开挖过程如出现地下水异常（水量大、水压高），应立即停止作业，及时上报，在制定切实有效措施方案前不得擅自施工。 10. 起重机吊放钢筋笼时，地面平整稳固，支腿垫木坚硬，满足机械稳定要求，起重机位置满足吊装要求；起重机作业必须在专人指挥下进行，做到定机、定人、定指挥；严格控制起重机回转半径，避免触及周围建筑物与高压线。 11. 基坑顶部按规范要求设置挡水墙，基坑底部设集水坑；基坑护栏高度不小于1.2m，对角设置防雷接地。 12. 一般土质条件下弃土堆底至基坑顶边距离不小于1.2m，弃土堆高不超过1.5m，垂直坑壁边坡条件下弃土堆底至基坑顶边距离不小于3m，软土场地的基坑边则不应在基坑边堆土。	□合格 □不合格	□合格 □不合格	□合格 □不合格

工序	类别	检查内容	检查标准	检查结果		
				施工项目部	监理项目部	业主项目部
地下变电站基坑开挖及支护施工（人工成孔灌注桩）	安全技术措施	专项措施	13. 规范设置供作业人员上下基坑的安全通道（不少于两处），基坑边缘按规范要求设置安全护栏。 14. 挖土区域设警戒线，各种机械、车辆严禁在开挖的基础边缘2m内行驶、停放。 15. 基坑土方开挖应分层、分段开挖，严禁超挖。 16. 定期对基坑支护变形、建筑物、管线及道路沉降监测	□合　格 □不合格	□合　格 □不合格	□合　格 □不合格
		施工示意图	如图 1-4-1 所示。 1.2m高围栏，设密目网 挡水墙 1200 800 贯梁，设拉结点 护坡桩 根据设计方案设置锚杆 工字钢 800~1200 集水坑 图 1-4-1　施工示意图	□合　格 □不合格	□合　格 □不合格	□合　格 □不合格

施工项目部自查日期：　　　　　　监理项目部检查日期：　　　　　　业主项目部检查日期：

检查人签字：　　　　　　　　　　检查人签字：　　　　　　　　　　检查人签字：

各参建单位及各二级巡检组监督检查情况见表 1-4-2。

表 1-4-2　　　　　　各参建单位及各二级巡检组监督检查情况

建管单位：	监理单位：	施工单位：
（建设管理、监理、施工单位及各自二级巡检组监督检查情况，应填写检查单位、检查时间、检查人员及检查结果）		

表 1-4-3　　　　　　　　现场主要设备配置表

设备名称	规格和数量		
	110kV	220kV	500kV
电动葫芦或卷扬机	15 台	15 台	15 台
起重机	1 台	1 台	1 台
挖掘机	2 台	2 台	2 台
打夯机	4 台	4 台	4 台
碾压机	1 台	1 台	1 台
运输车辆	15 台	20 台	20 台
装载机	1 台	1 台	1 台
钢丝绳	$\phi72mm\times6m$，2 根	$\phi72mm\times6m$，2 根	$\phi72mm\times6m$，2 根
气体检测仪	10 台	12 台	12 台
通风机	10 台	12 台	12 台
应急软梯	10 个	12 个	12 个
计量仪器	全站仪，1 台；经纬仪，1 台；水平仪，1 台	全站仪，1 台；经纬仪，1 台；水平仪，1 台	全站仪，1 台；经纬仪，1 台；水平仪，1 台

1.5　基础防水工程

基础防水工程检查表见表 1-5-1。

表 1-5-1　　　　　　　　基础防水工程检查表

工程名称：　　　　　　　　　　　　　　　　施工区域：

工序	类别	检查内容	检查标准	检查结果		
				施工项目部	监理项目部	业主项目部
基础防水工程	组织措施	现场资料配置	施工现场应留存下列资料： 1. 防水工程专项施工方案或作业指导书。 2. 安全风险交底材料：交底记录复印件或作业票签字。 3. 安全施工作业票、动火票。 4. 工作票交底视频录像或录音。 5. 输变电工程施工作业风险控制卡	□合格 □不合格	□合格 □不合格	□合格 □不合格
		现场资料要求	1. 施工方案编制、审批手续齐全，施工负责人正确描述方案主要内容，现场按照施工方案执行。 2. 三级及以上风险等级工序作业前，办理"输变电工程安全施工作业票B"，制定"输变电工程施工作业风险控制卡"，补充风险控制措施，并由项目经理签发，填写风险复测单。 3. 安全风险识别、评估准确，各项预控措施具有针对性。	□合格 □不合格	□合格 □不合格	□合格 □不合格

工序	类别	检查内容	检查标准	检查结果		
				施工项目部	监理项目部	业主项目部
基础防水工程	组织措施	现场资料要求	4. 作业开始前,工作负责人对作业人员进行全员交底,内容与施工方案一致,并组织全员签字。 5. 每项作业开始前,工作负责人对作业人员进行全员交底,并组织作业人员在作业票上签字,工作内容与人员发生变化时,须再次交底并填写作业票。 6. 作业过程中,工作负责人按照作业流程,逐项确认风险控制措施落实情况。 7. 作业票的工作内容、施工人员与现场一致	□合 格 □不合格	□合 格 □不合格	□合 格 □不合格
		现场安全文明施工标准化要求	1. 施工现场基坑规范设置安全围栏、安全通道和安全警示标识。 2. 基坑上下出入口处设安全警示牌:①必须戴安全帽;②高处作业必须系安全带;③当心落物。 3. 施工人员着装统一,正确佩戴安全防护用品,工作负责人穿红马甲,安全监护人穿黄马甲。 4. 工器具、材料分类码放整齐,标识清晰。 5. 施工现场配备数量充足、有效的灭火器材。 6. 有限空间进行防水作业时,应加强通风和有毒有害气体检测,并留存记录	□合 格 □不合格	□合 格 □不合格	□合 格 □不合格
		现场人员配置	1. 施工负责人应为施工总承包单位人员(落实"同进同出"相关要求)。 2. 现场指挥、安全监护、质量员等人员配置齐全(其中施工负责:1人;安全监护:2人;质量员:2人;测量员:2人;电工:2人;防水工:15人;其他施工员:10人)	□合 格 □不合格	□合 格 □不合格	□合 格 □不合格
	人员	现场人员要求	1. 施工负责人为施工总承包单位人员(落实"同进同出"相关要求)。 2. 起重机司机、司索信号工、挖掘机司机、电工、电焊工,须持有政府部门颁发的特种作业资格证书。 3. 项目经理、项目总工、专职安全员应通过公司的基建安全培训和考试合格后持证上岗。 4. 施工负责人、现场指挥人、安全监护人、质量员、测量员等人员配置齐全,经过培训并考试合格,持有相应证书。 5. 施工人员上岗前应进行岗位培训及安全教育并考试合格	□合 格 □不合格	□合 格 □不合格	□合 格 □不合格

续表

工序	类别	检查内容	检查标准	检查结果		
				施工项目部	监理项目部	业主项目部
基础防水工程	设备	现场设备配置	工器具（喷灯）、安全设施（灭火器）的数量、规格符合施工方案的要求。配置信息见表1-5-3	□合　格 □不合格	□合　格 □不合格	□合　格 □不合格
		现场设备要求	1. 工器具、安全设施的定期检验合格证明齐全，且在有效期内。 2. 工器具、安全设施的进场检查记录齐全、规范	□合　格 □不合格	□合　格 □不合格	□合　格 □不合格
	安全技术措施	常规要求	1. 防水工须持证上岗，施工作业人员须正确佩戴安全防护用品。 2. 明火作业须持动火票，配备灭火器材，设专职监护人；防水施工完毕后消除火灾隐患。 3. 有限空间防水作业区，必须保持通风良好。 4. 防水工程作为专业分包的，应执行国家电网有限公司分包相关规定，分包合同、协议、视频授权、交底、人员资质等齐全有效。 5. 夜间施工必须配置充足、安全可靠的照明。 6. 防水层的原材料，应分别储存，严禁将易燃、易爆和相互接触后能引起燃烧、爆炸的材料混合在一起，与明火作业点距离不小于10m。 7. 在施工现场及材料堆放点严禁烟火，并配置充足有效的消防器材	□合　格 □不合格	□合　格 □不合格	□合　格 □不合格
		专项措施	1. 采用热熔法施工防水层时使用的燃具或喷灯点燃时，严禁对着人进行。 2. 作业人员向喷灯内加油时，必须灭火后添加，并添加适量，避免因过多而溢油发生火灾。 3. 防水卷材和黏结剂多数属易燃品，存放的仓库内严禁烟火；材料黏结剂桶要随用随封盖，以防溶剂挥发过快或造成环境污染	□合　格 □不合格	□合　格 □不合格	□合　格 □不合格
		施工示意图	如图1-5-1所示。 图1-5-1　施工示意图	□合　格 □不合格	□合　格 □不合格	□合　格 □不合格

施工项目部自查日期：　　　　　监理项目部检查日期：　　　　　业主项目部检查日期：

检查人签字：　　　　　　　　　检查人签字：　　　　　　　　　检查人签字：

各参建单位及各二级巡检组监督检查情况见表 1-5-2。

表 1-5-2　　　　　各参建单位及各二级巡检组监督检查情况

建管单位：	监理单位：	施工单位：
（建设管理、监理、施工单位及各自二级巡检组监督检查情况，应填写检查单位、检查时间、检查人员及检查结果）		

表 1-5-3　　　　　　　　　　　现场主要设备配置表

设备名称	规格和数量		
	110kV	220kV	500kV
喷灯	25 个	25 个	25 个
安全设施（灭火器）	5 个	8 个	8 个
通风机（有限空间作业）	2 台	2 台	2 台
气体检测仪（有限空间作业）	3 台	3 台	3 台

1.6　基 础 钢 筋 工 程

基础钢筋工程检查表见表 1-6-1。

表 1-6-1　　　　　　　　　　基础钢筋工程检查表

工程名称：　　　　　　　　　　　　　　　　　施工区域：

工序	类别	检查内容	检查标准	检查结果		
				施工项目部	监理项目部	业主项目部
基础钢筋工程	组织措施	现场资料配置	施工现场应留存下列资料： 1. 专项安全施工方案或作业指导书。 2. 安全风险交底材料：交底记录复印件或作业票签字。 3. 安全施工作业票、动火票。 4. 工作票交底视频录像或录音。 5. 输变电工程施工作业风险控制卡	□合格 □不合格	□合格 □不合格	□合格 □不合格
		现场资料要求	1. 施工方案编制、审批手续齐全，施工负责人正确描述方案主要内容，现场按照施工方案执行。	□合格 □不合格	□合格 □不合格	□合格 □不合格

工序	类别	检查内容	检查标准	检查结果		
				施工项目部	监理项目部	业主项目部
基础钢筋工程	组织措施	现场资料要求	2. 二级及以下风险等级工序作业前，办理"输变电工程安全施工作业票A"，明确风险预控措施，并由施工队长签发。 3. 三级及以上风险等级工序作业前，办理"输变电工程安全施工作业票B"，制定"输变电工程施工作业风险控制卡"，补充风险控制措施，并由项目经理签发，填写风险复测单。 4. 安全风险识别、评估准确，各项预控措施具有针对性。 5. 作业开始前，工作负责人对作业人员进行全员交底，内容与施工方案一致，并组织全员签字。 6. 每项作业开始前，工作负责人对作业人员进行全员交底，并组织作业人员在作业票上签字；工作内容与人员发生变化时，须再次交底并填写作业票。 7. 作业过程中，工作负责人按照作业流程，逐项确认风险控制措施落实情况。 8. 作业票的工作内容、施工人员与现场一致	□合　格 □不合格	□合　格 □不合格	□合　格 □不合格
		现场安全文明施工标准化要求	1. 施工现场基坑规范设置安全围栏、安全通道和安全警示标识。 2. 基坑上下出入口处设安全警示牌：①必须戴安全帽；②高处作业必须系安全带；③当心落物。 3. 施工人员着装统一，正确佩戴安全防护用品，工作负责人穿红马甲，安全监护人穿黄马甲。 4. 工器具、材料按规范分类码放整齐，标识清晰。 5. 钢筋存放应设垫板，雨、雪季节施工应覆盖防锈，存放区设置充足有效的灭火器材。 6. 规范设置钢筋加工棚，操作规程标牌齐全，施工机械外观完好、接地可靠。 7. 现场设置钢筋废料池，及时清运	□合　格 □不合格	□合　格 □不合格	□合　格 □不合格
	人员	现场人员配置	1. 施工负责人应为施工总承包单位人员（落实"同进同出"相关要求）。 2. 现场指挥人、安全监护人、质量员等人员配置齐全（其中施工负责人：1人；安全监护人：3人；质量员：2人；测量员：2人；电工：3人；架子工：10人；钢筋工：50人；焊工：3人；起重机司机：2人；司索信号工：2人；其他施工员：15人）	□合　格 □不合格	□合　格 □不合格	□合　格 □不合格

工序	类别	检查内容	检查标准	检查结果		
				施工项目部	监理项目部	业主项目部
基础钢筋工程	人员	现场人员要求	1. 施工负责人为施工总承包单位人员（落实"同进同出"相关要求）。 2. 起重机司机、司索信号工、挖掘机司机、电工、电焊工，须持有政府部门颁发的特种作业资格证书。 3. 项目经理、项目总工、专职安全员应通过公司的基建安全培训和考试合格后持证上岗。 4. 施工负责人、现场指挥人、安全监护人、质量员、测量员等人员配置齐全，经过培训并考试合格，持有相应证书。 5. 施工人员上岗前应进行岗位培训及安全教育并考试合格	□合 格 □不合格	□合 格 □不合格	□合 格 □不合格
	设置	现场设备配置	施工机械（电焊机、起重机、钢筋调直机、钢筋切断机、钢筋套丝机、钢筋弯曲机、砂轮切割机等）、安全设施（安全带、防护面罩、绝缘手套、绝缘鞋等）和计量仪器（水平仪、经纬仪等）的数量、规格符合施工方案的要求，配置信息见表1-6-3	□合 格 □不合格	□合 格 □不合格	□合 格 □不合格
	设置	现场设备要求	1. 机械设备、工器具、安全设施和计量仪器的定期检验合格证明、检测报告等齐全，且在有效期内。 2. 工器具、安全设施的进场检查记录齐全、规范；涉及设备租赁，须在作业前签订租赁合同及安全协议。 3. 现场机械设备应有序布置、分类码放、标识清晰。 4. 机械应定期检查、维修保养，并留存记录。 5. 调直机应安装平稳，料架料槽平直，对准导向筒、调直筒和下刀切孔的中心线。 6. 切断机操作前须检查切断机刀口，确定安装正确，刀片无裂纹，刀架螺栓紧固，防护罩牢靠。 7. 弯曲机工作盘台应保持水平，操作前应检查芯轴、成型轴、挡铁轴、可变挡架有无裂纹或损坏，防护罩是否牢固可靠。 8. 套丝机操作前应检查电压是否一致，有无漏电现象，空转试运转无误后方可正常作业；使用完毕后及时切断电源。 9. 各种机械设备采用"一机一闸、一箱一漏"保护措施，外壳可靠接地。 10. 机械设备进行维修或停机，必须切断电源，锁好箱门	□合 格 □不合格	□合 格 □不合格	□合 格 □不合格

工序	类别	检查内容	检查标准	检查结果		
				施工项目部	监理项目部	业主项目部
基础钢筋工程	安全技术措施	常规要求	1. 规范设置供作业人员上下基坑的安全通道，基坑边缘按规范要求设置安全护栏。 2. 夜间施工时必须配置充足、安全可靠的照明。 3. 现场做好防雨、防雷、防暑、防滑等季节性安全措施，要保证人员安全。 4. 现场做好临边、洞口防护设施。 5. 高处作业人员正确佩戴防护用品，安全带"高挂低用"。 6. 焊工必须穿戴防护面罩、绝缘手套、绝缘鞋等防护装备	□合　格 □不合格	□合　格 □不合格	□合　格 □不合格
		专项措施	1. 钢筋加工、展开盘圆钢筋时，要两端卡牢，防止回弹伤人。 2. 调直钢筋时，卡头要卡牢，地锚要结实牢固，沿线 2m 区域内禁止行人。 3. 手工加工钢筋时工作前应检查板扣、大锤等工具是否完好，在工作台上弯钢筋时应防止铁屑飞溅伤人，工作台上的铁屑应及时清理；切割小于 30cm 的钢筋时必须用钳子夹牢，且钳柄不得短于 500mm，严禁直接用手把持。 4. 多人抬运钢筋时，起、落、转、停等动作应一致，人工上下传递时不得站在同一垂直线上。 5. 在建筑物平台或走道上堆放钢筋应分散、稳妥，堆放钢筋的总重量不得超过平台的允许荷重。 6. 搬运钢筋时与电气设施应保持安全距离，严防碰撞；在施工过程中应严防钢筋与任何带电体接触。 7. 在使用起重机吊运钢筋时必须绑扎牢固并设溜绳，钢筋不得与其他物件混吊，长短不一的钢筋不得同时吊运。 8. 框架柱、梁板钢筋绑扎、焊接作业时应搭设临时脚手架，严禁依附立筋绑扎或攀登上下，柱子主筋应使用临时支撑或缆风绳固定；搭设的临时脚手架应满足脚手架搭设的各项要求。 9. 顶板钢筋安装时应铺设脚手板作为通道，不得随意踩踏钢筋。 10. 进行焊接作业时，必须开具动火票，专人监护，配备消防器材；加强对电源的维护管理，严禁钢筋接触电源；焊机必须配备焊机保护专用箱、双线到位并设可靠接地，焊接导线及钳口接线应有可靠绝缘，焊机不得超负荷使用。 11. 按规范和施工方案加工制作、布置马凳	□合　格 □不合格	□合　格 □不合格	□合　格 □不合格

工序	类别	检查内容	检查标准	检查结果		
				施工项目部	监理项目部	业主项目部
基础钢筋工程	安全技术措施	施工示意图	如图1-6-1所示。 图1-6-1 施工示意图	□合 格 □不合格	□合 格 □不合格	□合 格 □不合格

施工项目部自查日期：　　　　　　　监理项目部检查日期：　　　　　　　业主项目部检查日期：

检查人签字：　　　　　　　　　　　检查人签字：　　　　　　　　　　　检查人签字：

各参建单位及各二级巡检组监督检查情况见表1-6-2。

表1-6-2　　　　　　　　各参建单位及各二级巡检组监督检查情况

建管单位：	监理单位：	施工单位：
（建设管理、监理、施工单位及各自二级巡检组监督检查情况，应填写检查单位、检查时间、检查人员及检查结果）		

表1-6-3　　　　　　　　　　　　　现场主要设备配置表

设备名称	规格和数量		
	110kV	220kV	500kV
电焊机	4台	6台	6台
起重机	1台	2台	2台
钢筋调直机	2台	2台	2台
钢筋切断机	2台	4台	4台
钢筋套丝机	6台	8台	8台
钢筋弯曲机	4台	4台	4台
砂轮切割机	4台	6台	6台

续表

设备名称	规格和数量		
	110kV	220kV	500kV
安全设施	安全带，30 套	安全带，40 套	安全带，40 套
	灭火器，5 个	灭火器，8 个	灭火器，8 个
	防护面罩，3 个	防护面罩，5 个	防护面罩，5 个
	绝缘手套和绝缘鞋，3 套	绝缘手套和绝缘鞋，5 套	绝缘手套和绝缘鞋，5 套
计量仪器	经纬仪，1 台；水平仪，1 台	经纬仪，1 台；水平仪，1 台	经纬仪，1 台；水平仪，1 台

1.7 基 础 模 板 工 程

基础模板工程检查表见表 1-7-1。

表 1-7-1　　　　　　　　　　　基础模板工程检查表

工程名称：　　　　　　　　　　　　　　　施工区域：

工序	类别	检查内容	检查标准	检查结果		
				施工项目部	监理项目部	业主项目部
基础模板工程	组织措施	现场资料配置	施工现场应留存下列资料： 1. 专项安全施工方案或作业指导书。 2. 安全风险交底材料：交底记录复印件或作业票签字。 3. 安全施工作业票、动火票。 4. 工作票交底视频录像或录音。 5. 输变电工程施工作业风险控制卡	□合 格 □不合格	□合 格 □不合格	□合 格 □不合格
		现场资料要求	1. 施工方案编制、审批手续齐全，施工负责人正确描述方案主要内容，现场按照施工方案执行。 2. 二级及以下风险等级工序作业前，办理"输变电工程安全施工作业票 A"，明确风险预控措施，并由施工队长签发。 3. 三级及以上风险等级工序作业前，办理"输变电工程安全施工作业票 B"，制定"输变电工程施工作业风险控制卡"，补充风险控制措施，并由项目经理签发，填写风险复测单。 4. 安全风险识别、评估准确，各项预控措施具有针对性。 5. 作业开始前，工作负责人对作业人员进行全员交底，内容与施工方案一致，并组织全员签字。 6. 每项作业开始前，工作负责人对作业人员进行全员交底，并组织作业人员在作业票上签字；工作内容与人员发生变化时，须再次交底并填写作业票。	□合 格 □不合格	□合 格 □不合格	□合 格 □不合格

工序	类别	检查内容	检查标准	检查结果		
				施工项目部	监理项目部	业主项目部
基础模板工程	组织措施	现场资料要求	7. 作业过程中，工作负责人按照作业流程，逐项确认风险控制措施落实情况。 8. 作业票的工作内容、施工人员与现场一致	□合　格 □不合格	□合　格 □不合格	□合　格 □不合格
		现场安全文明施工标准化要求	1. 施工现场规范设置安全围栏、安全通道和安全警示标识。 2. 施工区入口处设安全警示牌：①必须戴安全帽；②高处作业必须系安全带；③当心落物。 3. 施工人员着装统一，正确佩戴安全防护用品，工作负责人穿红马甲，安全监护人穿黄马甲。 4. 工器具、材料分类码放整齐，标识清晰。 5. 支模区、堆放区放置充足有效的灭火器材。 6. 规范设置木工加工棚，操作规程标牌齐全，施工机械外观完好、接地可靠。 7. 施工现场应做到工完、料尽、场地清	□合　格 □不合格	□合　格 □不合格	□合　格 □不合格
	人员	现场人员配置	1. 施工负责人应为施工总承包单位人员（落实"同进同出"相关要求）。 2. 现场指挥人、安全监护人、质量员等人员配置齐全（其中施工负责人：1人；现场指挥人：1人；安全监护人：3人；质量员：2人；测量员：2人；电工：2人；架子工：10人；木工：50人；起重机司机：2人；司索信号工：2人；其他施工员：15人）	□合　格 □不合格	□合　格 □不合格	□合　格 □不合格
		现场人员要求	1. 施工负责人为施工总承包单位人员（落实"同进同出"相关要求）。 2. 起重机司机、司索信号工、挖掘机司机、电工、电焊工，须持有政府部门颁发的特种作业资格证书。 3. 项目经理、项目总工、专职安全员应通过公司的基建安全培训和考试合格后持证上岗。 4. 施工负责人、现场指挥人、安全监护人、质量员、测量员等人员配置齐全，经过培训并考试合格，持有相应证书。 5. 施工人员上岗前应进行岗位培训及安全教育并考试合格	□合　格 □不合格	□合　格 □不合格	□合　格 □不合格
	设备	现场设备配置	施工机械（圆盘锯、平刨机、起重机械、电钻等）、安全设施（安全带）和计量仪器（水平仪、经纬仪等）的数量、规格符合施工方案的要求，配置信息见表1-7-3	□合　格 □不合格	□合　格 □不合格	□合　格 □不合格

续表

工序	类别	检查内容	检查标准	检查结果		
				施工项目部	监理项目部	业主项目部
基础模板工程	设备	现场设备要求	1. 机械设备、工器具、安全设施和计量仪器的定期检验合格证明、检测报告等齐全，且在有效期内。 2. 工器具、安全设施的进场检查记录齐全、规范；涉及设备租赁的，须在作业前签订租赁合同及安全协议。 3. 现场机械设备应有序布置、分类码放、标识清晰。 4. 机械应定期检查、维修保养，并留存记录。 5. 木工机械必须使用单向开关，严禁使用倒顺开关。 6. 圆盘锯、平刨机必须设置可靠的安全防护装置，设置可靠接地。 7. 各种机械设备采用"一机一闸、一箱一漏"保护措施，外壳可靠接地。 8. 机械设备进行维修或停机，必须切断电源，锁好箱门	□合格 □不合格	□合格 □不合格	□合格 □不合格
	安全技术措施	常规要求	1. 2m及以上高处作业时须正确佩戴安全带，高挂低用。 2. 模板支设、施工用脚手架、模板支撑等依据施工方案执行，确保安全稳固。 3. 拆模作业应按"后支先拆、先支后拆"的原则，防止模板突然倾倒。 4. 现场做好防雨、防雷、防暑、防滑等季节性安全措施，保证人员安全。 5. 模板堆放整齐，拆除后的模板及时清运，现场配备充足有效的灭火器材。 6. 模板需待混凝土强度达到规范和设计要求后方可拆除	□合格 □不合格	□合格 □不合格	□合格 □不合格
		专项措施	1. 建筑物框架施工时，模板运输时施工人员应从梯子上下，不得在模板、支撑上攀登，严禁在高处的独木或悬吊式模板上行走。 2. 模板顶撑应垂直，底端应平整并加垫木，木楔应钉牢，支撑必须用横杆和剪刀撑固定，支撑处地基必须坚实，严防支撑下沉、倾倒。 3. 支设柱模板时，其四周必须钉牢，操作时应搭设临时工作台或临时脚手架，搭设的临时脚手架应满足脚手架搭设的各项要求。 4. 支设梁模板时，不得站在柱模板上操作，并严禁在梁的底模板上行走。	□合格 □不合格	□合格 □不合格	□合格 □不合格

续表

工序	类别	检查内容	检查标准	检查结果		
				施工项目部	监理项目部	业主项目部
基础模板工程	安全技术措施	专项措施	5. 采用钢管脚手架兼作模板支撑时必须经过技术人员的计算，每根立柱的荷载不得大于20kN，立柱必须设水平拉杆及剪刀撑。 6. 模板拆除应按顺序分段进行。严禁猛撬、硬砸及大面积撬落或拉倒；高处拆模应划定警戒范围，设置安全警戒标志并设专人监护，在拆模范围内严禁非操作人员进入。 7. 作业人员在拆除模板时应选择稳妥可靠的立足点，高处拆除时必须系好安全带；拆除的模板严禁抛扔，应用绳索吊下或由滑槽、滑轨滑下；滑槽周围不小于5m处应划定警戒范围，设置安全警戒标志并设专人监护，严禁非操作人员进入	□合 格 □不合格	□合 格 □不合格	□合 格 □不合格
		施工示意图	如图1-7-1所示。 图1-7-1 施工示意图	□合 格 □不合格	□合 格 □不合格	□合 格 □不合格

施工项目部自查日期：　　　　　　监理项目部检查日期：　　　　　　业主项目部检查日期：

检查人签字：　　　　　　　　　　检查人签字：　　　　　　　　　　检查人签字：

各参建单位及各二级巡检组监督检查情况见表1-7-2。

表1-7-2　　　　　　各参建单位及各二级巡检组监督检查情况

建管单位：	监理单位：	施工单位：
（建设管理、监理、施工单位及各自二级巡检组监督检查情况，应填写检查单位、检查时间、检查人员及检查结果）		

表 1-7-3   现场主要设备配置表

设备名称	规格和数量		
	110kV	220kV	500kV
圆盘锯	2 台	3 台	3 台
平刨机	2 台	3 台	3 台
电钻	2 台	3 台	3 台
起重机	1 台	2 台	2 台
安全设施	安全带，20 套	安全带，30 套	安全带，40 套
	灭火器，8 个	灭火器，12 个	灭火器，12 个
计量仪器	经纬仪，1 台； 水平仪，1 台	经纬仪，1 台； 水平仪，1 台	经纬仪，1 台； 水平仪，1 台

1.8 基础混凝土工程

基础混凝土工程检查表见表 1-8-1。

表 1-8-1   基础混凝土工程检查表

工程名称：   施工区域：

工序	类别	检查内容	检查标准	检查结果		
				施工项目部	监理项目部	业主项目部
基础混凝土工程	组织措施	现场资料配置	施工现场应留存下列资料： 1. 专项安全施工方案或作业指导书。 2. 安全风险交底材料：交底记录复印件或作业票签字。 3. 安全施工作业票。 4. 工作票交底视频录像或录音。 5. 输变电工程施工作业风险控制卡	□合 格 □不合格	□合 格 □不合格	□合 格 □不合格
		现场资料要求	1. 施工方案编制、审批手续齐全，施工负责人正确描述方案主要内容，现场按照施工方案执行。 2. 二级及以下风险等级工序作业前，办理"输变电工程安全施工作业票 A"，明确风险预控措施，并由施工队长签发。 3. 三级及以上风险等级工序作业前，办理"输变电工程安全施工作业票 B"，制定"输变电工程施工作业风险控制卡"，补充风险控制措施，并由项目经理签发，填写风险复测单。 4. 安全风险识别、评估准确，各项预控措施具有针对性。 5. 作业开始前，工作负责人对作业人员进行全员交底，内容与施工方案一致，并组织全员签字。	□合 格 □不合格	□合 格 □不合格	□合 格 □不合格

工序	类别	检查内容	检查标准	检查结果		
				施工项目部	监理项目部	业主项目部
基础混凝土工程	组织措施	现场资料要求	6. 每项作业开始前，工作负责人对作业人员进行全员交底，并组织作业人员在作业票上签字；工作内容与人员发生变化时，须再次交底并填写作业票。 7. 作业过程中，工作负责人按照作业流程，逐项确认风险控制措施落实情况。 8. 作业票的工作内容、施工人员与现场一致	□合格 □不合格	□合格 □不合格	□合格 □不合格
		现场安全文明施工标准化要求	1. 施工现场规范设置安全围栏、安全通道和安全警示标识。 2. 施工区入口处设安全警示牌：①必须戴安全帽；②高处作业必须系安全带；③当心落物。 3. 施工人员着装统一，正确佩戴安全防护用品，工作负责人穿红马甲，安全监护人穿黄马甲。 4. 采用商品混凝土，施工中采取措施控制噪声与振动，防止扰民。 5. 混凝土浇筑完成后做好成品保护工作	□合格 □不合格	□合格 □不合格	□合格 □不合格
	人员	现场人员配置	1. 施工负责人应为施工总承包单位人员（落实"同进同出"相关要求）。 2. 现场指挥人、安全监护人、质量员等人员配置齐全（其中施工负责人：1 人；安全监护人：3 人；质量员：2 人；测量员：2 人；电工：2 人；架子工：15 人；混凝土工：20 人；其他施工员：20 人）	□合格 □不合格	□合格 □不合格	□合格 □不合格
		现场人员要求	1. 施工负责人为施工总承包单位人员（落实"同进同出"相关要求）。 2. 起重机司机、司索信号工、挖掘机司机、电工、电焊工，须持有政府部门颁发的特种作业资格证书。 3. 项目经理、项目总工、专职安全员应通过公司的基建安全培训和考试合格后持证上岗。 4. 施工负责人、现场指挥人、安全监护人、质量员、测量员等人员配置齐全，经过培训并考试合格，持有相应证书。 5. 施工人员上岗前应进行岗位培训及安全教育并考试合格	□合格 □不合格	□合格 □不合格	□合格 □不合格
	设备	现场设备配置	施工机械（泵车、插入式振捣棒、平板式振捣器、混凝土运输车等）、安全设施（安全带等）和计量仪器（水平仪、坍落度筒等）的数量、规格符合施工方案的要求，配置信息见表 1-8-3	□合格 □不合格	□合格 □不合格	□合格 □不合格

工序	类别	检查内容	检查标准	检查结果		
				施工 项目部	监理 项目部	业主 项目部
基础混凝土工程	设备	现场设备要求	1. 机械设备、工器具、安全设施和计量仪器的定期检验合格证明、检测报告等齐全，且在有效期内。 2. 工器具、安全设施的进场检查记录齐全、规范；涉及设备租赁，须在作业前签订租赁合同及安全协议。 3. 振捣器电源线应架空设置。 4. 机械应定期检查、维修保养，并留存记录。 5. 振捣设备必须采用"一机一闸、一箱一漏"保护措施，外壳进行可靠接地	□合　格 □不合格	□合　格 □不合格	□合　格 □不合格
	安全技术措施	常规要求	1. 规范设置供作业人员上下基坑的安全通道，基坑边缘按规范要求设置安全护栏。 2. 现场做好临边、洞口防护设施。 3. 高处作业人员正确佩戴防护用品，安全带"高挂低用"；混凝土浇筑、振捣人员须佩戴绝缘手套、绝缘鞋。 4. 混凝土作业时，顶板钢筋上铺设脚手板作为通道，不得随意踩踏钢筋。 5. 夜间施工必须保证充足、安全可靠的照明。 6. 雨季施工做好防雨、防雷、防暑、防滑措施。 7. 冬季施工做好保温、防冻、防滑、防火措施	□合　格 □不合格	□合　格 □不合格	□合　格 □不合格
		专项措施	1. 基坑口搭设卸料平台，平台平整牢固，同时在坑口前设置限位横木。 2. 卸料时前台下料人员协助司机卸料，基坑内不得有人，前台下料作业要坑上坑下协作进行，严禁将混凝土直接翻入基础内。 3. 投料高度超过2m应使用溜槽或导管下料。 4. 振捣作业禁止踩踏模板支撑，要穿好绝缘靴、戴好绝缘手套，搬动振动器或暂停工作应将振动器电源切断，不得将振动着的振动器放在模板、脚手架或未凝固的混凝土上；振捣操作人员不少于2人。 5. 电动振捣器的电源线应采用耐气候型橡皮护套铜芯软电缆，并不得有任何破损和接头，电源线插头应插在装设有防溅式漏电保护器电源箱内的插座上，并严禁将电源线直接挂接在隔离开关上。 6. 移动振捣器或暂停作业时，必须切断电源，相邻的电源线严禁缠绕交叉。 7. 振捣器的电源线应架起作业，严禁在泥水中拖拽电源线	□合　格 □不合格	□合　格 □不合格	□合　格 □不合格

续表

工序	类别	检查内容	检查标准	检查结果		
				施工项目部	监理项目部	业主项目部
基础混凝土工程	安全技术措施	施工示意图	如图 1-8-1 所示。 图 1-8-1 基础混凝土工程施工示意图	□合 格 □不合格	□合 格 □不合格	□合 格 □不合格

施工项目部自查日期：　　　　　　　　监理项目部检查日期：　　　　　　　　业主项目部检查日期：

检查人签字：　　　　　　　　　　　　检查人签字：　　　　　　　　　　　　检查人签字：

各参建单位及各二级巡检组监督检查情况见表 1-8-2。

表 1-8-2　　　　　　　各参建单位及各二级巡检组监督检查情况

建管单位：	监理单位：	施工单位：
（建设管理、监理、施工单位及各自二级巡检组监督检查情况，应填写检查单位、检查时间、检查人员及检查结果） 		

表 1-8-3　　　　　　　　　　　现场主要设备配置表

设备名称	规格和数量		
	110kV	220kV	500kV
泵车	2 台	2 台	2 台
插入式振捣棒	6 台	8 台	8 台
平板式振捣器	2 台	2 台	2 台
混凝土运输车	10 辆	14 辆	14 辆
绝缘手套	20 套	25 套	25 套
绝缘鞋	20 套	25 套	25 套
安全设施	安全带，6 套	安全带，8 套	安全带，8 套
	灭火器，6 个	灭火器，8 个	灭火器，8 个
计量仪器	水准仪，1 台	水准仪，1 台	水准仪，1 台

1.9 主体结构钢筋工程

主体结构钢筋工程检查表见表 1-9-1。

表 1-9-1　　　　　　　　　　　主体结构钢筋工程检查表

工程名称：　　　　　　　　　　　　　　　　施工区域：

工序	类别	检查内容	检查标准	检查结果		
				施工项目部	监理项目部	业主项目部
主体结构钢筋工程	组织措施	现场资料配置	施工现场应留存下列资料： 1. 专项安全施工方案或作业指导书。 2. 安全风险交底材料：交底记录复印件或作业票签字。 3. 安全施工作业票、动火票。 4. 工作票交底视频录像或录音。 5. 输变电工程施工作业风险控制卡	□合　格 □不合格	□合　格 □不合格	□合　格 □不合格
		现场资料要求	1. 施工方案编制、审批手续齐全，施工负责人正确描述方案主要内容，现场按照施工方案执行。 2. 二级及以下风险等级工序作业前，办理"输变电工程安全施工作业票 A"，明确风险预控措施，并由施工队长签发。 3. 三级及以上风险等级工序作业前，办理"输变电工程安全施工作业票 B"，制定"输变电工程施工作业风险控制卡"，补充风险控制措施，并由项目经理签发，填写风险复测单。 4. 安全风险识别、评估准确，各项预控措施具有针对性。 5. 作业开始前，工作负责人对作业人员进行全员交底，内容与施工方案一致，并组织全员签字。 6. 每项作业开始前，工作负责人对作业人员进行全员交底，并组织作业人员在作业票上签字；工作内容与人员发生变化时，须再次交底并填写作业票。 7. 作业过程中，工作负责人按照作业流程，逐项确认风险控制措施落实情况。 8. 作业票的工作内容、施工人员与现场一致	□合　格 □不合格	□合　格 □不合格	□合　格 □不合格
		现场安全文明施工标准化要求	1. 施工现场规范设置安全围栏、安全通道和安全警示标识。 2. 施工区入口处设安全警示牌：①必须戴安全帽；②高处作业必须系安全带；③当心落物。 3. 施工人员着装统一，正确佩戴安全防护用品，工作负责人穿红马甲，安全监护人穿黄马甲。	□合　格 □不合格	□合　格 □不合格	□合　格 □不合格

工序	类别	检查内容	检查标准	检查结果		
				施工项目部	监理项目部	业主项目部
主体结构钢筋工程	组织措施	现场安全文明施工标准化要求	4. 工器具、材料按规范分类码放整齐，标识清晰。 5. 钢筋存放应设垫板，雨、雪季节施工应覆盖防锈，存放区设置充足有效的灭火器材。 6. 规范设置钢筋加工棚，操作规程标牌齐全，施工机械外观完好、接地可靠。 7. 现场设置钢筋废料池，及时清运	□合 格 □不合格	□合 格 □不合格	□合 格 □不合格
	人员	现场人员配置	1. 施工负责人应为施工总承包单位人员（落实"同进同出"相关要求）。 2. 现场指挥人、安全监护人、质量员等人员配置齐全（其中施工负责人：1人；现场指挥人：1人；安全监护人：3人；质量员：2人；测量员：2人；架子工：10人；钢筋工：50人；焊工：3人；电工：8人；起重机司机：2人；司索信号工：2人；其他施工员：15人）	□合 格 □不合格	□合 格 □不合格	□合 格 □不合格
		现场人员要求	1. 施工负责人为施工总承包单位人员（落实"同进同出"相关要求）。 2. 起重机司机、司索信号工、挖掘机司机、电工、电焊工，须持有政府部门颁发的特种作业资格证书。 3. 项目经理、项目总工、专职安全员应通过公司的基建安全培训和考试合格后持证上岗。 4. 施工负责人、现场指挥人、安全监护人、质量员、测量员等人员配置齐全，经过培训并考试合格，持有相应证书。 5. 施工人员上岗前应进行岗位培训及安全教育并考试合格	□合 格 □不合格	□合 格 □不合格	□合 格 □不合格
	设备	现场设备配置	施工机械（电焊机、起重机、钢筋调直机、钢筋切断机、钢筋套丝机、钢筋弯曲机、砂轮切割机等）、安全设施（安全带、防护面罩、绝缘手套、绝缘鞋等）和计量仪器（水平仪、经纬仪等）的数量、规格符合施工方案的要求，配置信息见表1-9-3	□合 格 □不合格	□合 格 □不合格	□合 格 □不合格
		现场设备要求	1. 机械设备、工器具、安全设施和计量仪器的定期检验合格证明、检测报告等齐全，且在有效期内。 2. 工器具、安全设施的进场检查记录齐全、规范；涉及设备租赁，须在作业前签订租赁合同及安全协议。 3. 现场机械设备应有序布置、分类码放、标识清晰。 4. 机械应定期检查、维修保养，并留存记录。 5. 调直机应安装平稳，料架料槽平直，对准导向筒、调直筒和下刀切孔的中心线。			

工序	类别	检查内容	检查标准	检查结果		
				施工项目部	监理项目部	业主项目部
主体结构钢筋工程	设备	现场设备要求	6. 切断机操作前须检查切断机刀口，确定安装正确，刀片无裂纹，刀架螺栓紧固，防护罩牢靠。 7. 弯曲机工作盘台应保持水平，操作前应检查芯轴、成型轴、挡铁轴、可变挡架有无裂纹或损坏，防护罩是否牢固可靠。 8. 套丝机操作前应检查电压是否一致，有无漏电现象，空转试运转无误后方可正常作业；使用完毕后及时切断电源。 9. 各种机械设备采用"一机一闸、一箱一漏"保护措施，外壳可靠接地。 10. 机械设备进行维修或停机，必须切断电源，锁好箱门	□合　格 □不合格	□合　格 □不合格	□合　格 □不合格
	安全技术措施	常规要求	1. 规范设置供作业人员上下的安全通道，基坑边缘按规范要求设置安全护栏。 2. 夜间施工时应设置充足、安全可靠的照明。 3. 现场做好防雨、防雷、防暑、防滑等季节性安全措施，要保证人员安全。 4. 现场做好临边、洞口防护设施。 5. 高处作业人员正确佩戴防护用品，安全带"高挂低用"。 6. 焊工必须穿戴防护面罩、绝缘手套、绝缘鞋等防护装备	□合　格 □不合格	□合　格 □不合格	□合　格 □不合格
		专项措施	1. 钢筋加工、展开盘圆钢筋时，要两端卡牢，防止回弹伤人。 2. 调直钢筋时，卡头要卡牢，地锚要结实牢固，沿线2m区域内禁止行人。 3. 手工加工钢筋时工作前应检查板扣、大锤等工具是否完好，在工作台上弯钢筋时应防止铁屑飞溅伤眼，工作台上的铁屑应及时清理；切割小于30cm的钢筋时必须用钳子夹牢，且钳柄不得短于500mm，严禁直接用手把持。 4. 多人抬运钢筋时，起、落、转、停等动作应一致，人工上下传递时不得站在同一垂直线上。 5. 在建筑物平台或走道上堆放钢筋应分散、稳妥，堆放钢筋的总重量不得超过平台的允许荷重。 6. 搬运钢筋时与电气设施应保持安全距离，严防碰撞；在施工过程中应严防钢筋与任何带电体接触。 7. 在使用起重机吊运钢筋时必须绑扎牢固并设溜绳，钢筋不得与其他物件混吊，长短不一的钢筋不得同时吊运。	□合　格 □不合格	□合　格 □不合格	□合　格 □不合格

工序	类别	检查内容	检查标准	检查结果		
				施工项目部	监理项目部	业主项目部
主体结构钢筋工程	安全技术措施	专项措施	8. 框架柱、梁板钢筋绑扎、焊接作业时应搭设临时脚手架，严禁依附立筋绑扎或攀登上下，柱子主筋应使用临时支撑或缆风绳固定；搭设的临时脚手架应满足脚手架搭设的各项要求。 9. 顶板钢筋安装时应铺设脚手板作为通道，不得随意踩踏钢筋。 10. 进行焊接作业时，必须开具动火票，专人监护，配备消防器材；加强对电源的维护管理，严禁钢筋接触电源；焊机必须配备焊机保护专用箱、双线到位并设可靠接地，焊接导线及钳口接线应有可靠绝缘，焊机不得超负荷使用。 11. 按规范和施工方案加工制作、布置马凳	□合 格 □不合格	□合 格 □不合格	□合 格 □不合格
		施工示意图	如图 1-9-1 所示。 图 1-9-1 施工示意图	□合 格 □不合格	□合 格 □不合格	□合 格 □不合格

施工项目部自查日期：　　　　　监理项目部检查日期：　　　　　业主项目部检查日期：

检查人签字：　　　　　　　　　检查人签字：　　　　　　　　　检查人签字：

各参建单位及各二级巡检组监督检查情况见表 1-9-2。

表 1-9-2　　　　　各参建单位及各二级巡检组监督检查情况

建管单位：	监理单位：	施工单位：
（建设管理、监理、施工单位及各自二级巡检组监督检查情况，应填写检查单位、检查时间、检查人员及检查结果） 		

表 1-9-3　　　　　　　　　现场主要设备配置表

设备名称	规格和数量		
	110kV	220kV	500kV
电焊机	4 台	6 台	6 台
起重机	1 台	2 台	2 台
钢筋调直机	2 台	2 台	2 台
钢筋切断机	2 台	4 台	4 台
钢筋套丝机	6 台	8 台	8 台
钢筋弯曲机	4 台	4 台	4 台
砂轮切割机	4 台	6 台	6 台
安全设施	安全带，30 套	安全带，40 套	安全带，40 套
	灭火器，5 个	灭火器，8 个	灭火器，8 个
	防护面罩，3 个	防护面罩，5 个	防护面罩，5 个
	绝缘手套和绝缘鞋，3 套	绝缘手套和绝缘鞋，5 套	绝缘手套和绝缘鞋，5 套
计量仪器	经纬仪，1 台；水平仪，1 台	经纬仪，1 台；水平仪，1 台	经纬仪，1 台；水平仪，1 台

1.10　主体结构模板工程

主体结构模板工程检查表见表 1-10-1。

表 1-10-1　　　　　　　　　主体结构模板工程检查表

工程名称：　　　　　　　　　　　　　　施工区域：

工序	类别	检查内容	检查标准	检查结果		
				施工项目部	监理项目部	业主项目部
主体结构模板工程	组织措施	现场资料配置	施工现场应留存下列资料： 1. 专项安全施工方案或作业指导书。 2. 安全风险交底材料：交底记录复印件或作业票签字。 3. 安全施工作业票、动火票。 4. 工作票交底视频录像或录音。 5. 输变电工程施工作业风险控制卡	□合格 □不合格	□合格 □不合格	□合格 □不合格
		现场资料要求	1. 施工方案编制、审批手续齐全，施工负责人正确描述方案主要内容，现场按照施工方案执行。 2. 二级及以下风险等级工序作业前，办理"输变电工程安全施工作业票 A"，明确风险预控措施，并由施工队长签发。 3. 三级及以上风险等级工序作业前，办理"输变电工程安全施工作业票 B"，制定"输变电工程施工作业风险控制卡"，补充风险控制措施，并由项目经理签发，填写风险复测单。 4. 安全风险识别、评估准确，各项预控措施具有针对性。	□合格 □不合格	□合格 □不合格	□合格 □不合格

续表

工序	类别	检查内容	检查标准	检查结果		
				施工项目部	监理项目部	业主项目部
主体结构模板工程	组织措施	现场资料要求	5. 作业开始前，工作负责人对作业人员进行全员交底，内容与施工方案一致，并组织全员签字。 6. 每项作业开始前，工作负责人对作业人员进行全员交底，并组织作业人员在作业票上签字；工作内容与人员发生变化时，须再次交底并填写作业票。 7. 作业过程中，工作负责人按照作业流程，逐项确认风险控制措施落实情况。 8. 作业票的工作内容、施工人员与现场一致	□合格 □不合格	□合格 □不合格	□合格 □不合格
		现场安全文明施工标准化要求	1. 施工现场规范设置安全围栏、安全通道和安全警示标识。 2. 施工区入口处设安全警示牌：①必须戴安全帽；②高处作业必须系安全带；③当心落物。 3. 施工人员着装统一，正确佩戴安全防护用品，工作负责人穿红马甲，安全监护人穿黄马甲。 4. 工器具、材料分类码放整齐，标识清晰。 5. 支模区、堆放区放置充足有效的灭火器材。 6. 现场临边、孔洞设置标准化防护设施。 7. 规范设置木工加工棚，操作规程标牌齐全，施工机械外观完好、接地可靠。 8. 施工现场应做到工完、料尽、场地清	□合格 □不合格	□合格 □不合格	□合格 □不合格
	人员	现场人员配置	1. 施工负责人应为施工总承包单位人员（落实"同进同出"相关要求）。 2. 现场指挥人、安全监护人、质量员等人员配置齐全（其中施工负责人：1人；现场指挥人：1人；安全监护人：3人；质量员：2人；测量员：2人；电工：2人；架子工：10人；木工：70人；起重机司机：2人；司索信号工：2人；其他施工员：15人）	□合格 □不合格	□合格 □不合格	□合格 □不合格
		现场人员要求	1. 施工负责人为施工总承包单位人员（落实"同进同出"相关要求）。 2. 起重机司机、司索信号工、挖掘机司机、电工、电焊工，须持有政府部门颁发的特种作业资格证书。 3. 项目经理、项目总工、专职安全员应通过公司的基建安全培训和考试合格后持证上岗。 4. 施工负责人、现场指挥人、安全监护人、质量员、测量员等人员配置齐全，经过培训和考试合格，持有相应证书。	□合格 □不合格	□合格 □不合格	□合格 □不合格

工序	类别	检查内容	检查标准	检查结果		
				施工项目部	监理项目部	业主项目部
主体结构模板工程	人员	现场人员要求	5. 施工人员上岗前应进行岗位培训及安全教育并考试合格	□合 格 □不合格	□合 格 □不合格	□合 格 □不合格
	设备	现场设备配置	施工机械（圆盘锯、平刨机、起重机、电钻等）、安全设施（安全带）和计量仪器（水平仪、经纬仪等）的数量、规格符合施工方案的要求，配置信息见表1-10-3	□合 格 □不合格	□合 格 □不合格	□合 格 □不合格
		现场设备要求	1. 机械设备、工器具、安全设施和计量仪器的定期检验合格证明、检测报告等齐全，且在有效期内。 2. 工器具、安全设施的进场检查记录齐全、规范；涉及设备租赁，须在作业前签订租赁合同及安全协议。 3. 现场机械设备应有序布置、分类码放、标识清晰。 4. 机械应定期检查、维修保养，并留存记录。 5. 木工机械必须使用单向开关，严禁使用倒顺开关。 6. 圆盘锯、平刨机必须设置可靠的安全防护装置，设置可靠接地。 7. 各种机械设备采用"一机一闸、一箱一漏"保护措施。 8. 机械设备进行维修或停机，必须切断电源，锁好箱门	□合 格 □不合格	□合 格 □不合格	□合 格 □不合格
	安全技术措施	常规要求	1. 2m及以上高处作业时须正确佩戴安全带，高挂低用。 2. 模板支设、施工用脚手架、模板支撑等依据施工方案执行，确保安全稳固。 3. 拆模作业应按"后支先拆、先支后拆"的原则，防止模板突然倾倒。 4. 现场做好防雨、防雷、防暑、防滑等季节性安全措施，保证人员安全。 5. 模板堆放整齐，拆除后的模板及时清运，现场配备充足有效的灭火器材。 6. 模板需待混凝土强度达到规范和设计要求后方可拆除	□合 格 □不合格	□合 格 □不合格	□合 格 □不合格
		专项措施	1. 建筑物框架施工时，模板运输时施工人员应从梯子上下，不得在模板、支撑上攀登；严禁在高处的独木或悬吊式模板上行走。 2. 模板顶撑应垂直，底端应平整并加垫木，木楔应钉牢，支撑必须用横杆和剪刀撑固定，支撑处地基必须坚实，严防支撑下沉、倾倒。 3. 支设梁模板时，不得站在柱模板上操作，并严禁在梁的底模板上行走	□合 格 □不合格	□合 格 □不合格	□合 格 □不合格

续表

工序	类别	检查内容	检查标准	检查结果		
				施工项目部	监理项目部	业主项目部
主体结构模板工程	安全技术措施	专项措施	4. 采用钢管脚手架兼作模板支撑时必须经过技术人员的计算,每根立柱的荷载不得大于20kN,立柱必须设水平拉杆及剪刀撑。 5. 模板拆除应按顺序分段进行;严禁猛撬、硬砸及大面积撬落或拉倒;高处拆模应划定警戒范围,设置安全警戒标志并设专人监护,在拆模范围内严禁非操作人员进入。 6. 作业人员在拆除模板时应选择稳妥可靠的立足点,高处拆除时必须系好安全带;拆除的模板严禁抛扔,应用绳索吊下或由滑槽、滑轨滑下;滑槽周围不小于5m处应划定警戒范围,设置安全警戒标志并设专人监护,严禁非操作人员进入	□合格 □不合格	□合格 □不合格	□合格 □不合格
		施工示意图	如图1-10-1所示。 图1-10-1 施工示意图	□合格 □不合格	□合格 □不合格	□合格 □不合格

施工项目部自查日期:　　　　　监理项目部检查日期:　　　　　业主项目部检查日期:

检查人签字:　　　　　检查人签字:　　　　　检查人签字:

各参建单位及各二级巡检组监督检查情况见表1-10-2。

表1-10-2　　　　各参建单位及各二级巡检组监督检查情况

建管单位:	监理单位:	施工单位:
(建设管理、监理、施工单位及各自二级巡检组监督检查情况,应填写检查单位、检查时间、检查人员及检查结果)		

表 1-10-3　　　　　　　　　　现场主要设备配置表

设备名称	规格和数量		
	110kV	220kV	500kV
圆盘锯	2 台	3 台	3 台
平刨机	2 台	3 台	3 台
电钻	2 台	3 台	4 台
起重机械	1 台	2 台	2 台
安全设施	安全带，30 套	安全带，40 套	安全带，50 套
	灭火器，10 个	灭火器，15 个	灭火器，15 个
计量仪器	经纬仪，1 台；	经纬仪，1 台；	经纬仪，1 台；
	水平仪，1 台	水平仪，1 台	水平仪，1 台

1.11　主体结构高度超过 8m 模板支撑系统工程

主体结构高度超过 8m 模板支撑系统工程检查表见表 1-11-1。

表 1-11-1　　　　主体结构高度超过 8m 模板支撑系统工程检查表

工程名称：　　　　　　　　　　　　　　　　施工区域：

工序	类别	检查内容	检查标准	检查结果		
				施工项目部	监理项目部	业主项目部
主体结构高度超过8m模板支撑系统工程	组织措施	现场资料配置	施工现场应留存下列资料： 1. 专项施工方案或作业指导书、专家论证报告。 2. 安全风险交底材料：交底记录复印件或作业票签字。 3. 安全施工作业票、动火票。 4. 工作票交底视频录像或录音。 5. 输变电工程施工作业风险控制卡	□合格 □不合格	□合格 □不合格	□合格 □不合格
		现场资料要求	1. 专项施工方案编制、审批手续齐全，经专家论证后施工；施工负责人正确描述方案主要内容，现场按照施工方案执行。 2. 二级及以下风险等级工序作业前，办理"输变电工程安全施工作业票 A"，明确风险预控措施，并由施工队长签发。 3. 三级及以上风险等级工序作业前，办理"输变电工程安全施工作业票 B"，制定"输变电工程施工作业风险控制卡"，补充风险控制措施，并由项目经理签发，填写风险复测单。 4. 安全风险识别、评估准确，各项预控措施具有针对性。 5. 作业开始前，工作负责人对作业人员进行全员交底，内容与施工方案一致，并组织全员签字。	□合格 □不合格	□合格 □不合格	□合格 □不合格

工序	类别	检查内容	检查标准	检查结果		
				施工项目部	监理项目部	业主项目部
主体结构高度超过8m模板支撑系统工程	组织措施	现场资料要求	6. 每项作业开始前，工作负责人对作业人员进行全员交底，并组织作业人员在作业票上签字；工作内容与人员发生变化时，须再次交底并填写作业票。 7. 作业过程中，工作负责人按照作业流程，逐项确认风险控制措施落实情况。 8. 作业票的工作内容、施工人员与现场一致	☐合　格 ☐不合格	☐合　格 ☐不合格	☐合　格 ☐不合格
		现场安全文明施工标准化要求	1. 施工现场规范设置安全围栏、安全通道和安全警示标识。 2. 施工区入口处设安全警示牌：①必须戴安全帽；②高处作业必须系安全带；③当心落物。 3. 施工人员着装统一，正确佩戴安全防护用品，工作负责人穿红马甲，安全监护人穿黄马甲。 4. 工器具、材料分类码放整齐，标识清晰。 5. 支模区、堆放区放置充足有效的灭火器材。 6. 现场临边、孔洞设置标准化防护设施。 7. 规范设置木工加工棚，操作规程标牌齐全，施工机械外观完好、接地可靠。 8. 施工现场应做到工完、料尽、场地清	☐合　格 ☐不合格	☐合　格 ☐不合格	☐合　格 ☐不合格
	人员	现场人员配置	1. 施工负责人应为施工总承包单位人员（落实"同进同出"相关要求）。 2. 现场指挥人、安全监护人、质量员等人员配置齐全（其中施工负责人：1人；安全监护人：3人；质量员：2人；测量员：2人；电工：2人；架子工：15人；木工：40人；起重机司机：2人；司索信号工：2人；其他施工员：15人）	☐合　格 ☐不合格	☐合　格 ☐不合格	☐合　格 ☐不合格
		现场人员要求	1. 施工负责人为施工总承包单位人员（落实"同进同出"相关要求）。 2. 起重机司机、司索信号工、挖掘机司机、电工、电焊工，须持有政府部门颁发的特种作业资格证书。 3. 项目经理、项目总工、专职安全员应通过公司的基建安全培训和考试合格后持证上岗。 4. 施工负责人、现场指挥人、安全监护人、质量员、测量员等人员配置齐全，经过培训并考试合格，持有相应证书。 5. 施工人员上岗前应进行岗位培训及安全教育并考试合格	☐合　格 ☐不合格	☐合　格 ☐不合格	☐合　格 ☐不合格

工序	类别	检查内容	检查标准	检查结果		
				施工项目部	监理项目部	业主项目部
主体结构高度超过8m模板支撑系统工程	设备	现场设备配置	施工机械（圆盘锯、平刨机、起重机械、电钻等）、安全设施（安全带）和计量仪器（水平仪、经纬仪等）的数量、规格符合施工方案的要求，配置信息见表1-11-3	□合　格 □不合格	□合　格 □不合格	□合　格 □不合格
		现场设备要求	1. 机械设备、工器具、安全设施和计量仪器的定期检验合格证明、检测报告等齐全，且在有效期内。 2. 工器具、安全设施的进场检查记录齐全、规范；涉及设备租赁，须在作业前签订租赁合同及安全协议。 3. 现场机械设备应有序布置、分类码放、标识清晰。 4. 机械应定期检查、维修保养，并留存记录。 5. 木工机械必须使用单向开关，严禁使用倒顺开关。 6. 圆盘锯、平刨机必须设置可靠的安全防护装置，设置可靠接地。 7. 各种机械设备采用"一机一闸、一箱一漏"保护措施。 8. 机械设备进行维修或停机，必须切断电源，锁好箱门	□合　格 □不合格	□合　格 □不合格	□合　格 □不合格
	安全技术措施	常规要求	1. 加强材料进场检验和验收，钢管、扣件质量合格。 2. 按施工方案合理设置立杆间距、步距、剪刀撑、扫地杆、拉结点、水平安全网等；支撑处地基必须坚实、牢固。 3. 对高架支模进行验收、监测、维护。 4. 2m及以上高处作业时须正确佩戴安全带，高挂低用。 5. 模板支设、施工用脚手架、模板支撑等依据施工方案执行，确保安全稳固。 6. 拆模作业应按"后支先拆、先支后拆"的原则，防止模板突然倾倒。 7. 现场做好防雨、防雷、防暑、防滑等季节性安全措施，保证人员安全。 8. 模板堆放整齐，拆除后的模板及时清运，现场配备充足有效的灭火器材。 9. 模板需待混凝土强度达到规范和设计要求后方可拆除。 10. 夜间不得进行模板支架的搭设与拆除；雨雪天及五级以上大风天不得在室外进行模板支架的搭设与拆除。	□合　格 □不合格	□合　格 □不合格	□合　格 □不合格

工序	类别	检查内容	检查标准	检查结果		
				施工项目部	监理项目部	业主项目部
主体结构高度超过8m模板支撑系统工程	安全技术措施	常规要求	11. 模板支架搭设及拆除时，地面应设围栏和警戒标志，派专人看守，严禁非工作人员进入现场	□合　格 □不合格	□合　格 □不合格	□合　格 □不合格
		专项措施	1. 变电站高支模立杆间距不大于900mm，步距不大于1200mm，梁板构件的自由端允许高度不大于400mm，楼板的悬挑长度不大于300mm，具体数值以施工方案为准。 2. 建筑物框架施工时，模板运输时施工人员应从梯子上下，不得在模板、支撑上攀登；严禁在高处的独木或悬吊式模板上行走。 3. 模板顶撑应垂直，底端应平整、硬化并加垫木；距地200mm设置扫地杆。 4. 柱以连系梁为界，分两段施工；支设柱模板时，其四周必须钉牢，操作时应搭设临时工作台或临时脚手架，搭设的临时脚手架应满足脚手架搭设的各项要求。 5. 架体四周及中间设置连续式竖向剪刀撑，在扫地杆、顶部及中间部位设置水平剪刀撑，根据施工方案设置"之"字斜撑加强层等。 6. 支撑体系与梁、柱有效拉结，合理设置拉结点。 7. 模板拆除应按顺序分段进行；严禁猛撬、硬砸及大面积撬落或拉倒；高处拆模应划定警戒范围，设置安全警戒标志并设专人监护，在拆模范围内严禁非操作人员进入。 8. 作业人员在拆除模板时应选择稳妥可靠的立足点，高处拆除时必须系好安全带；拆除的模板严禁抛扔，应用绳索吊下或由滑槽、滑轨滑下；滑槽周围不小于5m处应划定警戒范围，设置安全警戒标志并设专人监护，严禁非操作人员进入。 9. 高架支模搭设完成后，合理设置监测点，定期监测支架沉降、位移和变形，一旦发生异常，立即采取处理措施	□合　格 □不合格	□合　格 □不合格	□合　格 □不合格
		施工示意图	见图1-11-1，该图仅供参考，具体数值以施工方案、相关规范为准	□合　格 □不合格	□合　格 □不合格	□合　格 □不合格

施工项目部自查日期：　　　　　　　　监理项目部检查日期：　　　　　　　　业主项目部检查日期：

检查人签字：　　　　　　　　　　　　检查人签字：　　　　　　　　　　　　检查人签字：

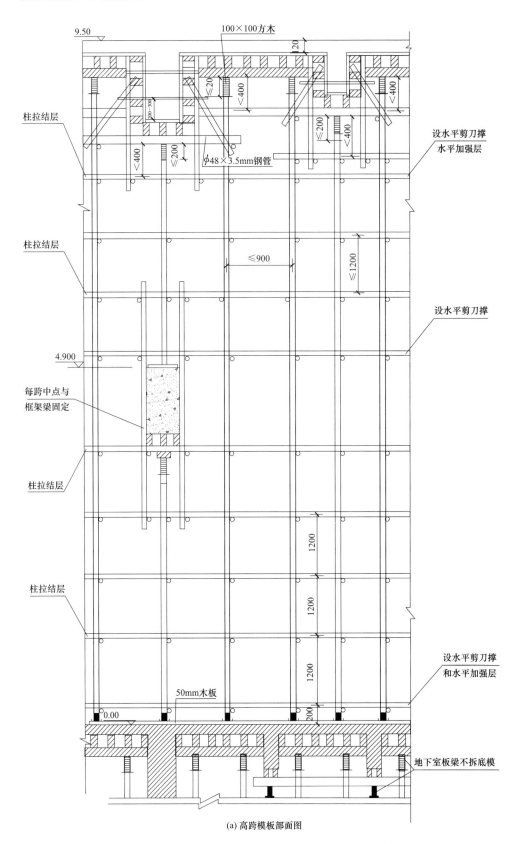

(a) 高跨模板部面图

图 1-11-1　主体结构高度超过 8m 模板支撑系统工程施工示意图（一）

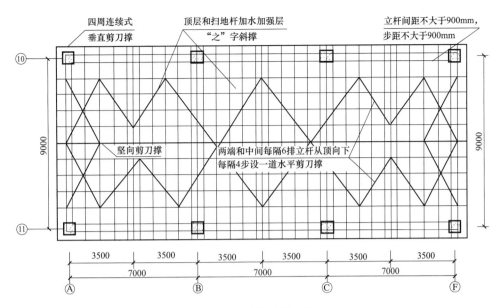

(b) GIS室高大模板支撑平面图

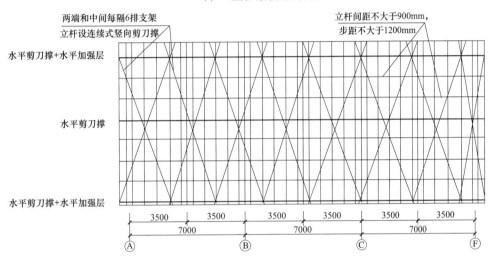

(c) GIS室高大模板支撑立面图

图 1-11-1　主体结构高度超过8m模板支撑系统工程施工示意图（二）

各参建单位及各二级巡检组监督检查情况见表 1-11-2。

表 1-11-2　　　　　　各参建单位及各二级巡检组监督检查情况

建管单位：	监理单位：	施工单位：
（建设管理、监理、施工单位及各自二级巡检组监督检查情况，应填写检查单位、检查时间、检查人员及检查结果）		

表 1-11-3 现场主要设备配置表

设备名称	规格和数量		
	110kV	220kV	500kV
圆盘锯	2 台	3 台	3 台
平刨机	2 台	3 台	3 台
电钻	2 台	3 台	4 台
起重机	1 台	2 台	2 台
安全设施	安全带，30 套	安全带，40 套	安全带，50 套
	灭火器，10 个	灭火器，15 个	灭火器，15 个
计量仪器	经纬仪，1 台； 水平仪，1 台	经纬仪，1 台； 水平仪，1 台	经纬仪，1 台； 水平仪，1 台

1.12 主体结构混凝土工程

主体结构混凝土工程检查表见表 1-12-1。

表 1-12-1 主体结构混凝土工程检查表

工程名称： 施工区域：

工序	类别	检查内容	检查标准	检查结果		
				施工项目部	监理项目部	业主项目部
主体结构混凝土工程	组织措施	现场资料配置	施工现场应留存下列资料： 1. 专项安全施工方案或作业指导书。 2. 安全风险交底材料：交底记录复印件或作业票签字。 3. 安全施工作业票。 4. 工作票交底视频录像或录音。 5. 输变电工程施工作业风险控制卡	□合 格 □不合格	□合 格 □不合格	□合 格 □不合格
		现场资料要求	1. 施工方案编制、审批手续齐全，施工负责人正确描述方案主要内容，现场按照施工方案执行。 2. 二级及以下风险等级工序作业前，办理"输变电工程安全施工作业票 A"，明确风险预控措施，并由施工队长签发。 3. 三级及以上风险等级工序作业前，办理"输变电工程安全施工作业票 B"，制定"输变电工程施工作业风险控制卡"，补充风险控制措施，并由项目经理签发，填写风险复测单。 4. 安全风险识别、评估准确，各项预控措施具有针对性。 5. 作业开始前，工作负责人对作业人员进行全员交底，内容与施工方案一致，并组织全员签字。	□合 格 □不合格	□合 格 □不合格	□合 格 □不合格

续表

工序	类别	检查内容	检查标准	检查结果		
				施工项目部	监理项目部	业主项目部
主体结构混凝土工程	组织措施	现场资料要求	6. 每项作业开始前，工作负责人对作业人员进行全员交底，并组织作业人员在作业票上签字；工作内容与人员发生变化时，须再次交底并填写作业票。 7. 作业过程中，工作负责人按照作业流程，逐项确认风险控制措施落实情况。 8. 作业票的工作内容、施工人员与现场一致	□合　格 □不合格	□合　格 □不合格	□合　格 □不合格
		现场安全文明施工标准化要求	1. 施工现场规范设置安全围栏、安全通道和安全警示标识。 2. 施工区入口处设安全警示牌：①必须戴安全帽；②高处作业必须系安全带；③当心落物。 3. 施工人员着装统一，正确佩戴安全防护用品，工作负责人穿红马甲，安全监护人穿黄马甲。 4. 采用商品混凝土，施工中采取措施控制噪声与振动，防止扰民。 5. 混凝土浇筑完成后做好成品保护工作	□合　格 □不合格	□合　格 □不合格	□合　格 □不合格
	人员	现场人员配置	1. 施工负责人应为施工总承包单位人员（落实"同进同出"相关要求）。 2. 现场指挥人、安全监护人、质量员等人员配置齐全（其中施工负责人：1人；安全监护人：3人；质量员：2人；测量员：2人；电工：2人；架子工：15人；混凝土工：20人；其他施工员：25人）	□合　格 □不合格	□合　格 □不合格	□合　格 □不合格
		现场人员要求	1. 施工负责人为施工总承包单位人员（落实"同进同出"相关要求）。 2. 起重机司机、司索信号工、挖掘机司机、电工、电焊工，须持有政府部门颁发的特种作业资格证书。 3. 项目经理、项目总工、专职安全员应通过公司的基建安全培训和考试合格后持证上岗。 4. 施工负责人、现场指挥人、安全监护人、质量员、测量员等人员配置齐全，经过培训并考试合格，持有相应证书。 5. 施工人员上岗前应进行岗位培训及安全教育并考试合格	□合　格 □不合格	□合　格 □不合格	□合　格 □不合格

工序	类别	检查内容	检查标准	检查结果		
				施工项目部	监理项目部	业主项目部
主体结构混凝土工程	设备	现场设备配置	施工机械（泵车、插入式振捣棒、平板式振捣器、混凝土运输车等）、安全设施（安全带等）和计量仪器（水平仪、坍落度筒等）的数量、规格符合施工方案的要求，配置信息见表1-12-3	□合　格 □不合格	□合　格 □不合格	□合　格 □不合格
		现场设备要求	1. 机械设备、工器具、安全设施和计量仪器的定期检验合格证明、检测报告等齐全，且在有效期内。 2. 工器具、安全设施的进场检查记录齐全、规范；涉及设备租赁，须在作业前签订租赁合同及安全协议。 3. 振捣器电源线应架空设置。 4. 机械应定期检查、维修保养，并留存记录。 5. 振捣设备必须采用"一机一闸、一箱一漏"保护措施，外壳进行可靠接地	□合　格 □不合格	□合　格 □不合格	□合　格 □不合格
	安全技术措施	常规要求	1. 规范设置供作业人员上下的安全通道，现场做好临边、洞口防护设施。 2. 高处作业人员正确佩戴防护用品，安全带"高挂低用"；混凝土浇筑、振捣人员须佩戴绝缘手套、绝缘鞋。 3. 混凝土作业时，顶板钢筋上铺设脚手板作为通道，不得随意踩踏钢筋。 4. 夜间施工必须保证充足、安全可靠的照明。 5. 雨季施工做好防雨、防雷、防暑、防滑措施。 6. 冬季施工做好保温、防冻、防滑、防火措施	□合　格 □不合格	□合　格 □不合格	□合　格 □不合格
		专项措施	1. 浇筑混凝土前检查模板及脚手架的牢固情况，作业人员在操作振动器时严禁将振动器冲击或振动钢筋、模板及预埋件等；严禁攀登串筒疏通混凝土。 2. 投料高度超过2m应使用溜槽或导管下料。 3. 混凝土浇筑振捣作业禁止踩踏模板支撑；振捣工作要穿好绝缘靴、戴好绝缘手套，搬动振动器或暂停工作应将振动器电源切断，不得将振动着的振动器放在模板、脚手架或未凝固的混凝土上。	□合　格 □不合格	□合　格 □不合格	□合　格 □不合格

续表

工序	类别	检查内容	检查标准	检查结果		
				施工项目部	监理项目部	业主项目部
主体结构混凝土工程	安全技术措施	专项措施	4. 电动振捣器的电源线应采用耐气候型橡皮护套铜芯软电缆，并不得有任何破损和接头，电源线插头应插在装设有防溅式漏电保护器电源箱内的插座上，并严禁将电源线直接挂接在刀闸上。 5. 移动振捣器或暂停作业时，必须切断电源，相邻的电源线严禁缠绕交叉。 6. 振捣器的电源线应架起作业，严禁在泥水中拖拽电源线	□合 格 □不合格	□合 格 □不合格	□合 格 □不合格
		施工示意图	如图 1-12-1 所示。 图 1-12-1 施工示意图	□合 格 □不合格	□合 格 □不合格	□合 格 □不合格

施工项目部自查日期：　　　　　　监理项目部检查日期：　　　　　　业主项目部检查日期：

检查人签字：　　　　　　　　　　检查人签字：　　　　　　　　　　检查人签字：

各参建单位及各二级巡检组监督检查情况见表 1-12-2。

表 1-12-2　　　　　各参建单位及各二级巡检组监督检查情况

建管单位：	监理单位：	施工单位：
（建设管理、监理、施工单位及各自二级巡检组监督检查情况，应填写检查单位、检查时间、检查人员及检查结果） 		

表 1-12-3 现场主要设备配置表

设备名称	规格和数量		
	110kV	220kV	500kV
泵车	2 台	2 台	2 台
插入式振捣棒	6 台	8 台	8 台
平板式振捣器	2 台	2 台	2 台
混凝土运输车	10 辆	14 辆	14 辆
绝缘手套	20 套	25 套	25 套
绝缘鞋	20 套	25 套	25 套
安全设施	安全带，6 套； 灭火器，6 个	安全带，8 套； 灭火器，8 个	安全带，8 套； 灭火器，8 个
计量仪器	水准仪，1 台	水准仪，1 台	水准仪，1 台

1.13 主体结构屋面工程

主体结构屋面工程检查表见表 1-13-1。

表 1-13-1 主体结构屋面工程检查表

工程名称： 施工区域：

工序	类别	检查内容	检查标准	检查结果		
				施工项目部	监理项目部	业主项目部
主体结构屋面工程	组织措施	现场资料配置	施工现场应留存下列资料： 1. 专项安全施工方案或作业指导书。 2. 安全风险交底材料：交底记录复印件或作业票签字。 3. 安全施工作业票、动火票。 4. 工作票交底视频录像或录音。 5. 输变电工程施工作业风险控制卡	□合 格 □不合格	□合 格 □不合格	□合 格 □不合格
		现场资料要求	1. 施工方案编制、审批手续齐全，施工负责人正确描述方案主要内容，现场按照施工方案执行。 2. 二级及以下风险等级工序作业前，办理"输变电工程安全施工作业票 A"，明确风险预控措施，并由施工队长签发。 3. 三级及以上风险等级工序作业前，办理"输变电工程安全施工作业票 B"，制定"输变电工程施工作业风险控制卡"，补充风险控制措施，并由项目经理签发，填写风险复测单。 4. 安全风险识别、评估准确，各项预控措施具有针对性。 5. 作业开始前，工作负责人对作业人员进行全员交底，内容与施工方案一致，并组织全员签字。	□合 格 □不合格	□合 格 □不合格	□合 格 □不合格

续表

工序	类别	检查内容	检查标准	检查结果		
				施工项目部	监理项目部	业主项目部
主体结构屋面工程	组织措施	现场资料要求	6. 每项作业开始前，工作负责人对作业人员进行全员交底，并组织作业人员在作业票上签字；工作内容与人员发生变化时，须再次交底并填写作业票。 7. 作业过程中，工作负责人按照作业流程，逐项确认风险控制措施落实情况。 8. 作业票的工作内容、施工人员与现场一致	□合格 □不合格	□合格 □不合格	□合格 □不合格
		现场安全文明施工标准化要求	1. 施工现场规范设置安全围栏、安全通道和安全警示标识。 2. 施工区入口处设安全警示牌：①必须戴安全帽；②高处作业必须系安全带；③当心落物。 3. 施工人员着装统一，正确佩戴安全防护用品，工作负责人穿红马甲，安全监护人穿黄马甲。 4. 工器具、材料分类码放整齐，标识清晰。 5. 做好屋面临边防护设施。 6. 易燃易爆物品设置单独仓库。 7. 仓库、施工现场配备充足有效的灭火器材。	□合格 □不合格	□合格 □不合格	□合格 □不合格
	人员	现场人员配置	1. 施工负责人应为施工总承包单位人员（落实"同进同出"相关要求）。 2. 现场指挥人、安全监护人、质量员等人员配置齐全（其中施工负责人：1人；安全监护人：1人；质量员：2人；测量员：2人；电工：2人；防水工：6人；起重机司机：2人；司索信号工：2人；其他施工人：30人）	□合格 □不合格	□合格 □不合格	□合格 □不合格
		现场人员要求	1. 施工负责人为施工总承包单位人员（落实"同进同出"相关要求）。 2. 起重机司机、司索信号工、挖掘机司机、电工、电焊工，须持有政府部门颁发的特种作业资格证书。 3. 项目经理、项目总工、专职安全员应通过公司的基建安全培训和考试合格后持证上岗。 4. 施工负责人、现场指挥人、安全监护人、质量员、测量员等人员配置齐全，经过培训并考试合格，持有相应证书。 5. 施工人员上岗前应进行岗位培训及安全教育并考试合格	□合格 □不合格	□合格 □不合格	□合格 □不合格
	设备	现场设备配置	施工机械（起重机、喷灯等）、计量仪器（水平仪、经纬仪等）的数量、规格符合施工方案的要求，配置信息见表1-13-3	□合格 □不合格	□合格 □不合格	□合格 □不合格

工序	类别	检查内容	检查标准	检查结果		
				施工项目部	监理项目部	业主项目部
主体结构屋面工程	设备	现场设备要求	1. 机械设备、工器具、安全设施和计量仪器的定期检验合格证明、检测报告等齐全，且在有效期内。 2. 工器具、安全设施的进场检查记录齐全、规范；涉及设备租赁，须在作业前签订租赁合同及安全协议	□合　格 □不合格	□合　格 □不合格	□合　格 □不合格
	安全技术措施	常规要求	1. 在施工现场及材料堆放点严禁烟火，并配置充足有效的消防器材。 2. 易燃易爆物品分类单独存放，严禁烟火；结剂桶要随用随封盖，以防溶剂挥发过快或造成环境污染。 3. 屋面上的施工材料严禁集中堆放。 4. 做好屋面临边防护设施。 5. 防水施工前办理动火票，设专人监护。 6. 防水工程作为专业分包的，应执行国网分包相关规定，分包合同、协议、视频授权、交底、人员资质等齐全有效。 7. 夜间施工必须配置充足、安全可靠的照明	□合　格 □不合格	□合　格 □不合格	□合　格 □不合格
		专项措施	1. 采用热熔法施工屋面防水层时使用的燃具或喷灯点燃时严禁对着人进行。 2. 作业人员向喷灯内加油时，必须灭火后添加，并添加适量，避免因过多而溢油发生火灾。 3. 防水卷材、保温材料和黏结剂多数属易燃品，存放的仓库内严禁烟火；材料黏结剂桶要随用随封盖，以防溶剂挥发过快或造成环境污染。 4. 外脚手架搭设高度高出女儿墙1.5m，确保屋面施工人员安全	□合　格 □不合格	□合　格 □不合格	□合　格 □不合格
		施工示意图	如图1-13-1所示。 图1-13-1　施工示意图	□合　格 □不合格	□合　格 □不合格	□合　格 □不合格

施工项目部自查日期：　　　　　　监理项目部检查日期：　　　　　　业主项目部检查日期：

检查人签字：　　　　　　　　　　检查人签字：　　　　　　　　　　检查人签字：

各参建单位及各二级巡检组监督检查情况见表1-13-2。

表1-13-2　　　　　　　各参建单位及各二级巡检组监督检查情况

建管单位：	监理单位：	施工单位：
（建设管理、监理、施工单位及各自二级巡检组监督检查情况，应填写检查单位、检查时间、检查人员及检查结果）		

表1-13-3　　　　　　　　　　现场主要设备配置表

设备名称	规格和数量		
	110kV	220kV	500kV
起重机	1台	1台	1台
喷灯	1台	1台	1台
安全设施	灭火器，5个	灭火器，8个	灭火器，8个
计量仪器	经纬仪，1台；水平仪，1台	经纬仪，1台；水平仪，1台	经纬仪，1台；水平仪，1台

1.14　砌　筑　工　程

砌筑工程检查表见表1-14-1。

表1-14-1　　　　　　　　　砌　筑　工　程　检　查　表

工程名称：　　　　　　　　　　　　　　　　施工区域：

工序	类别	检查内容	检查标准	检查结果		
				施工项目部	监理项目部	业主项目部
砌筑工程	组织措施	现场资料配置	施工现场应留存下列资料： 1. 专项安全施工方案或作业指导书。 2. 安全风险交底材料：交底记录复印件或作业票签字。 3. 安全施工作业票。 4. 工作票交底视频录像或录音。 5. 输变电工程施工作业风险控制卡	□合　格 □不合格	□合　格 □不合格	□合　格 □不合格
		现场资料要求	1. 施工方案编制、审批手续齐全，施工负责人正确描述方案主要内容，现场按照施工方案执行。	□合　格 □不合格	□合　格 □不合格	□合　格 □不合格

续表

工序	类别	检查内容	检查标准	检查结果		
				施工项目部	监理项目部	业主项目部
砌筑工程	组织措施	现场资料要求	2. 三级及以上风险等级工序作业前，办理"输变电工程安全施工作业票B"，制定"输变电工程施工作业风险控制卡"，补充风险控制措施，并由项目经理签发，填写风险复测单。 3. 安全风险识别、评估准确，各项预控措施具有针对性。 4. 作业开始前，工作负责人对作业人员进行全员交底，内容与施工方案一致，并组织全员签字。 5. 每项作业开始前，工作负责人对作业人员进行全员交底，并组织作业人员在作业票上签字；工作内容与人员发生变化时，须再次交底并填写作业票。 6. 作业过程中，工作负责人按照作业流程，逐项确认风险控制措施落实情况。 7. 作业票的工作内容、施工人员与现场一致	□合　格 □不合格	□合　格 □不合格	□合　格 □不合格
		现场安全文明施工标准化要求	1. 施工现场规范设置操作脚手架和安全警示标识。 2. 施工人员着装统一，正确佩戴安全防护用品，工作负责人穿红马甲，安全监护人穿黄马甲。 3. 工器具、材料分类码放整齐，标识清晰。 4. 砌筑用砂浆采用成品预拌砂浆。 5. 控制现场扬尘污染	□合　格 □不合格	□合　格 □不合格	□合　格 □不合格
	人员	现场人员配置	1. 施工负责人应为施工总承包单位人员（落实"同进同出"相关要求）。 2. 施工负责人、安全监护人、质量员等人员配置齐全（其中施工负责人：1人；安全监护人：3人；质量员：2人；测量员：2人；电工：2人；砌筑工：25人；架子工：5人；起重机司机：1人；司索信号工：1人；其他施工员：25人）	□合　格 □不合格	□合　格 □不合格	□合　格 □不合格
		现场人员要求	1. 施工负责人为施工总承包单位人员（落实"同进同出"相关要求）。 2. 起重机司机、司索信号工、挖掘机司机、电工、电焊工，须持有政府部门颁发的特种作业资格证书。 3. 项目经理、项目总工、专职安全员应通过公司的基建安全培训和考试合格后持证上岗。	□合　格 □不合格	□合　格 □不合格	□合　格 □不合格

续表

工序	类别	检查内容	检查标准	检查结果		
				施工项目部	监理项目部	业主项目部
砌筑工程	人员	现场人员要求	4. 施工负责人、现场指挥人、安全监护人、质量员、测量员等人员配置齐全、经过培训并考试合格，持有相应证书。 5. 施工人员上岗前应进行岗位培训及安全教育并考试合格	□合　格 □不合格	□合　格 □不合格	□合　格 □不合格
	设备	现场设备配置	施工机械（起重机械、预拌砂浆设备等）、计量仪器（水平仪、经纬仪等）的数量、规格符合施工方案的要求，配置信息见表1-14-3	□合　格 □不合格	□合　格 □不合格	□合　格 □不合格
		现场设备要求	1. 机械设备、工器具、安全设施和计量仪器的定期检验合格证明、检测报告等齐全，且在有效期内。 2. 工器具、安全设施的进场检查记录齐全、规范；涉及设备租赁，作业前签订租赁合同及安全协议。 3. 现场机械设备应有序布置、分类码放、标识清晰。 4. 机械应定期检查、维修保养，并留存记录	□合　格 □不合格	□合　格 □不合格	□合　格 □不合格
	安全技术措施	常规要求	1. 砌筑用的脚手架在施工未完成时，严禁任何人随意拆除支撑或挪动脚手板。 2. 尽量避免上下层同时操作，如需上下层同时施工，应在脚手架与墙身距离的空隙部位采取遮隔防护措施。 3. 作业人员在操作完成或下班时应将脚手板上及墙上的碎砖、砂浆清扫干净后再离开，应做到工完、料尽、场地清。 4. 高处作业人员佩戴安全带，高挂低用。 5. 砌筑现场光线不足时应设置充足、安全可靠的照明。 6. 冬季施工做好保温、防冻、防滑、防火措施	□合　格 □不合格	□合　格 □不合格	□合　格 □不合格
		专项措施	1. 砌筑施工高度超过1.2m时，应搭设脚手架作业；高度超过4m时，采用内脚手架必须支搭安全网，用外脚手架应设防护栏杆和挡脚板方可砌筑，距操作面1.2m设防护栏杆，挡脚板高180mm。	□合　格 □不合格	□合　格 □不合格	□合　格 □不合格

工序	类别	检查内容	检查标准	检查结果		
				施工项目部	监理项目部	业主项目部
砌筑工程	安全技术措施	专项措施	2. 脚手架搭设规范，底部硬化设垫板，距地面200mm设扫地杆。 3. 严禁用不稳固的工具或物体在架子上垫高操作。 4. 作业人员严禁站在墙身上进行砌砖、勾缝、检查大角垂直度及清扫墙面等作业或在墙身上行走。 5. 砌砖搭设的脚手架上堆放的砖、砂浆等距墙身不得小于500mm，荷载不得大于270kg/m²；砖侧放时不得超过三层。 6. 作业人员在高处作业前，应准备好使用的工具，严禁在高处砍砖，必须使用七分头砖、半砖时，宜在下面用切割机进行切割后运送到使用部位。 7. 脚手架操作层满铺脚手板，设置符合规范要求	□合　格 □不合格	□合　格 □不合格	□合　格 □不合格
		施工示意图	如图1-14-1所示。 图1-14-1　施工示意图	□合　格 □不合格	□合　格 □不合格	□合　格 □不合格

施工项目部自查日期：　　　　　　　监理项目部检查日期：　　　　　　　业主项目部检查日期：
检查人签字：　　　　　　　　　　　检查人签字：　　　　　　　　　　　检查人签字：

各参建单位及各二级巡检组监督检查情况见表1-14-2。

表 1-14-2　　　　　　各参建单位及各二级巡检组监督检查情况

建管单位：	监理单位：	施工单位：
（建设管理、监理、施工单位及各自二级巡检组监督检查情况，应填写检查单位、检查时间、检查人员及检查结果） 		

表 1-14-3　　　　　　　　现场主要设备配置表

设备名称	规格和数量		
	100kV	220kV	500kV
移动式脚手架	30 套	40 套	50 套
预拌砂浆搅拌站	1 套	1 套	1 套
安全设施	安全带，5 套	安全带，5 套	安全带，5 套
脚手板	若干	若干	若干
密目安全网	若干	若干	若干
竖向防护栏杆	1.2m 高，若干	1.2m 高，若干	1.2m 高，若干
挡脚板	0.18m，若干	0.18m，若干	0.18m，若干
计量仪器	经纬仪，1 台； 水平仪，1 台	经纬仪，1 台； 水平仪，1 台	经纬仪，1 台； 水平仪，1 台

1.15　抹　灰　工　程

抹灰工程检查表见表 1-15-1。

表 1-15-1　　　　　　抹　灰　工　程　检　查　表

工程名称：　　　　　　　　　　　　　　　施工区域：

工序	类别	检查内容	检查标准	检查结果		
				施工项目部	监理项目部	业主项目部
抹灰工程	组织措施	现场资料配置	施工现场应留存下列资料： 1. 专项安全施工方案或作业指导书。 2. 安全风险交底材料：交底记录复印件或作业票签字。 3. 安全施工作业票。 4. 工作票交底视频录像或录音。 5. 输变电工程施工作业风险控制卡	□合格 □不合格	□合格 □不合格	□合格 □不合格

续表

工序	类别	检查内容	检查标准	检查结果		
				施工项目部	监理项目部	业主项目部
抹灰工程	组织措施	现场资料要求	1. 施工方案编制、审批手续齐全，施工负责人正确描述方案主要内容，现场按照施工方案执行。 2. 三级及以上风险等级工序作业前，办理"输变电工程安全施工作业票B"，制定"输变电工程施工作业风险控制卡"，补充风险控制措施，并由项目经理签发，填写风险复测单。 3. 安全风险识别、评估准确，各项预控措施具有针对性。 4. 作业开始前，工作负责人对作业人员进行全员交底，内容与施工方案一致，并组织全员签字。 5. 每项作业开始前，工作负责人对作业人员进行全员交底，并组织作业人员在作业票上签字；工作内容与人员发生变化时，须再次交底并填写作业票。 6. 作业过程中，工作负责人按照作业流程，逐项确认风险控制措施落实情况。 7. 作业票的工作内容、施工人员与现场一致	□合格 □不合格	□合格 □不合格	□合格 □不合格
		现场安全文明施工标准化要求	1. 施工现场规范设置操作脚手架和安全警示标识。 2. 施工人员着装统一，正确佩戴安全防护用品，工作负责人穿红马甲，安全监护人穿黄马甲。 3. 工器具、材料分类码放整齐，标识清晰。 4. 砌筑用砂浆采用成品预拌砂浆。 5. 控制现场扬尘污染，作业人员佩戴防尘面罩	□合格 □不合格	□合格 □不合格	□合格 □不合格
	人员	现场人员配置	1. 施工负责人应为施工总承包单位人员（落实"同进同出"相关要求）。 2. 施工负责人、安全监护人、质量员等人员配置齐全（其中施工负责人：1人；安全监护人：3人；质量员：2人；测量员：2人；电工：2人；抹灰工：25人；架子工：5人；起重机司机：2人；司索信号工：2人；其他施工员：25人）	□合格 □不合格	□合格 □不合格	□合格 □不合格
		现场人员要求	1. 施工负责人为施工总承包单位人员（落实"同进同出"相关要求）。 2. 起重机司机、司索信号工、挖掘机司机、电工、电焊工，须持有政府部门颁发的特种作业资格证书。	□合格 □不合格	□合格 □不合格	□合格 □不合格

续表

工序	类别	检查内容	检查标准	检查结果		
				施工项目部	监理项目部	业主项目部
抹灰工程	人员	现场人员要求	3. 项目经理、项目总工、专职安全员应通过公司的基建安全培训和考试合格后持证上岗。 4. 施工负责人、现场指挥人、安全监护人、质量员、测量员等人员配置齐全，经过培训并考试合格，持有相应证书。 5. 施工人员上岗前应进行岗位培训及安全教育并考试合格	□合　格 □不合格	□合　格 □不合格	□合　格 □不合格
	设备	现场设备配置	施工机械（预拌砂浆设备等）和计量仪器（水平仪、经纬仪等）的数量、规格符合施工方案的要求，配置信息见表1-15-3	□合　格 □不合格	□合　格 □不合格	□合　格 □不合格
		现场设备要求	1. 机械设备、工器具、安全设施和计量仪器的定期检验合格证明、检测报告等齐全，且在有效期内。 2. 工器具、安全设施的进场检查记录齐全、规范；涉及设备租赁，须在作业前签订租赁合同及安全协议。 3. 现场机械设备应有序布置、分类码放、标识清晰。 4. 机械应定期检查、维修保养，并留存记录	□合　格 □不合格	□合　格 □不合格	□合　格 □不合格
	安全技术措施	常规要求	1. 作业人员在操作完成或下班时应将脚手板上砂浆清扫干净后再离开，应做到工完、料尽、场地清。 2. 高处作业人员佩戴安全带，高挂低用。 3. 抹灰现场光线不足时应设置充足、安全可靠的照明。 4. 冬季施工做好保温、防冻、防滑、防火措施	□合　格 □不合格	□合　格 □不合格	□合　格 □不合格
		专项措施	1. 室内抹灰作业时可使用木凳、金属支架或脚手架等，但均应搭设稳固并检查合格后才能上人，脚手板跨度不得大于2m，在脚手板上堆放的材料不得过于集中，在同一个跨度内施工作业的人员不得超过2人；高处进行抹灰作业时应系好安全带，并设专人监护；禁止在门窗、暖气片、洗脸池等器物上搭设脚手板。 2. 禁止作业人员手拿工具或其他用品上下脚手架；在脚手架上作业时，作业人员应携带工具袋或传递绳，严禁上下抛递工具、材料。	□合　格 □不合格	□合　格 □不合格	□合　格 □不合格

工序	类别	检查内容	检查标准	检查结果		
				施工项目部	监理项目部	业主项目部
抹灰工程	安全技术措施	专项措施	3. 抹灰用的脚手架在施工未完成时，严禁任何人随意拆除支撑或挪动脚手板。 4. 尽量避免上下层同时操作，如需上下层同时施工，应在脚手架与墙身距离的空隙部位采取遮隔防护措施。 5. 外墙抹灰脚手架同砌筑用外墙脚手架	□合 格 □不合格	□合 格 □不合格	□合 格 □不合格
		施工示意图	如图 1-15-1 所示。 图 1-15-1 施工示意图	□合 格 □不合格	□合 格 □不合格	□合 格 □不合格

施工项目部自查日期：　　　　　　监理项目部检查日期：　　　　　　业主项目部检查日期：

检查人签字：　　　　　　　　　　检查人签字：　　　　　　　　　　检查人签字：

各参建单位及各二级巡检组监督检查情况见表 1-15-2。

表 1-15-2　　　　　　各参建单位及各二级巡检组监督检查情况

建管单位：	监理单位：	施工单位：
（建设管理、监理、施工单位及各自二级巡检组监督检查情况，应填写检查单位、检查时间、检查人员及检查结果）		

表 1-15-3　　　　　　　　　　现场主要设备配置表

设备名称	规格和数量		
	110kV	220kV	500kV
移动式脚手架	30 套	40 套	50 套
预拌砂浆搅拌站	1 套	1 套	1 套
脚手板	若干	若干	若干

续表

设备名称	规格和数量		
	110kV	220kV	500kV
安全设施	安全带，5 套	安全带，5 套	安全带，5 套
防护面罩	30 套	30 套	30 套
计量仪器	经纬仪，1 台； 水平仪，1 台	经纬仪，1 台； 水平仪，1 台	经纬仪，1 台； 水平仪，1 台

1.16 脚手架安装与拆除

脚手架安装与拆除检查表见表 1-16-1。

表 1-16-1 脚手架安装与拆除检查表

工程名称： 施工区域：

工序	类别	检查内容	检查标准	检查结果		
				施工项目部	监理项目部	业主项目部
脚手架安装与拆除	组织措施	现场资料配置	施工现场应留存下列资料： 1. 专项安全施工方案或作业指导书（超过一定规模的危险性较大的出具专家论证报告）。 2. 安全风险交底材料：交底记录复印件或作业票签字。 3. 安全施工作业票。 4. 工作票交底视频录像或录音。 5. 输变电工程施工作业风险控制卡	□合格 □不合格	□合格 □不合格	□合格 □不合格
		现场资料要求	1. 施工方案编制、审批手续齐全，施工负责人正确描述方案主要内容，现场按照施工方案执行，高度超过 24m 的双排脚手架或悬挑脚手架应进行专家论证，出具专家论证报告。 2. 三级及以上风险等级工序作业前，办理"输变电工程安全施工作业票 B"，制定"输变电工程施工作业风险控制卡"，补充风险控制措施，并由项目经理签发，填写风险复测单。 3. 安全风险识别、评估准确，各项预控措施具有针对性。 4. 作业开始前，工作负责人对作业人员进行全员交底，内容与施工方案一致，并组织全员签字。 5. 每项作业开始前，工作负责人对作业人员进行全员交底，并组织作业人员在作业票上签字；工作内容与人员发生变化时，须再次交底并填写作业票。 6. 作业过程中，工作负责人按照作业流程，逐项确认风险控制措施落实情况。 7. 作业票的工作内容、施工人员与现场一致	□合格 □不合格	□合格 □不合格	□合格 □不合格

工序	类别	检查内容	检查标准	检查结果		
				施工项目部	监理项目部	业主项目部
脚手架安装与拆除	组织措施	现场安全文明施工标准化要求	1. 施工现场规范搭设脚手架、安全通道、挡脚板等,安全警示标识悬挂醒目。 2. 施工区入口处设置安全警示牌:①必须戴安全帽;②高处作业必须系安全带;③当心落物。 3. 施工人员着装统一,正确佩戴安全防护用品,工作负责人穿红马甲,安全监护人穿黄马甲。 4. 工器具、材料分类码放整齐,标识清晰。 5. 架体醒目悬挂脚手架验收合格牌等。 6. 施工现场应做到工完、料尽、场地清。 7. 脚手架对角设置防雷接地	□合格 □不合格	□合格 □不合格	□合格 □不合格
	人员	现场人员配置	1. 施工负责人应为施工总承包单位人员(落实"同进同出"相关要求)。 2. 现场指挥人、安全监护人、质量员等人员配置齐全(其中施工负责人:1人;现场指挥人:1人;安全监护人:3人;质量员:2人;测量员:2人;架子工:10人;起重机司机:2人;司索信号工:2人;其他施工员:5人)	□合格 □不合格	□合格 □不合格	□合格 □不合格
		现场人员要求	1. 施工负责人为施工总承包单位人员(落实"同进同出"相关要求)。 2. 起重机司机、司索信号工、挖掘机司机、电工、电焊工,须持有政府部门颁发的特种作业资格证书。 3. 项目经理、项目总工、专职安全员应通过公司的基建安全培训和考试合格后持证上岗。 4. 施工负责人、现场指挥人、安全监护人、质量员、测量员等人员配置齐全,经过培训并考试合格,持有相应证书。 5. 施工人员上岗前应进行岗位培训及安全教育并考试合格	□合格 □不合格	□合格 □不合格	□合格 □不合格
	设备	现场设备配置	施工机械(起重机等)、安全设施(安全带、防滑鞋等)和计量仪器(水平仪、经纬仪等)的数量、规格符合施工方案的要求,配置信息见表1-16-3	□合格 □不合格	□合格 □不合格	□合格 □不合格
		现场设备要求	1. 机械设备、工器具、安全设施和计量仪器的定期检验合格证明、检测报告等齐全,且在有效期内。	□合格 □不合格	□合格 □不合格	□合格 □不合格

工序	类别	检查内容	检查标准	检查结果		
				施工项目部	监理项目部	业主项目部
脚手架安装与拆除	设备	现场设备要求	2. 工器具、安全设施的进场检查记录齐全、规范；涉及设备租赁，须在作业前签订租赁合同及安全协议。 3. 机械应定期检查、维修保养，并留存记录	□合格 □不合格	□合格 □不合格	□合格 □不合格
	安全技术措施	常规要求	1. 加强材料进场检查和验收，钢管、扣件质量合格。 2. 登高作业人员须持证上岗；脚手架搭设作业时，正确使用安全防护用品，必须系安全带，着装灵便，穿防滑鞋，并设专人监护。 3. 脚手架搭设前应先夯实基础，脚手架按方案规范和施工方案，设置立杆纵距、横距、步距、剪刀撑、扫地杆、挡脚板、水平网、立网等。 4. 脚手架搭设完成后检查是否稳固并验收合格后方可使用，并做好防雷接地装置。 5. 脚手架搭设、拆除时应划定作业区域，设置围栏和警戒标志，并设专人监护。 6. 脚手架拆除应先搭后拆、后搭先拆，由上而下，按层、按步拆除，现场设专人监护。 7. 暂停拆除作业时，必须检查作业范围内未拆除部分的脚手架，确认脚手架稳定后方可离开现场。 8. 脚手架使用过程中应定期监测、维护，尤其加强雨季施工时脚手架的监测和维护。 9. 冬季施工时，应加强防滑措施	□合格 □不合格	□合格 □不合格	□合格 □不合格
		专项措施	1. 钢管应满足壁厚 3.5mm，表面平直光滑，无裂纹、分层、压划痕，做防锈处理；直角扣件必须无裂纹、气孔；旋转扣件必须转动灵活。 2. 架管底部垫板材质为木质或槽钢，长度不少于两跨，木质垫板厚度不小于 50mm；距地 200mm 设置纵向、横向扫地杆。 3. 立杆接长，顶层顶步可采用搭接，搭接长度不应小于 1m，用旋转扣件固定，端部扣件盖板的边缘至杆端距离不应小于 100mm；其余各层必须采用对接扣件连接；立杆纵横间距依据施工方案。	□合格 □不合格	□合格 □不合格	□合格 □不合格

工序	类别	检查内容	检查标准	检查结果		
				施工项目部	监理项目部	业主项目部
脚手架安装与拆除	安全技术措施	专项措施	4. 设置纵向、横向水平杆；纵向水平杆设置在立杆内侧，其长度不得小于 3 跨；主节点处必须设置一根横向水平杆，用直角扣件连接且严禁拆除。 5. 安装连墙件；架体高度大于 4m 时，应用刚性连墙件与梁柱或楼板可靠连接。连墙件布置最大间距不得超过 3 步 3 跨，严禁使用仅有拉筋的柔性连墙件。 6. 在脚手架外侧立面纵向的两端各设置一道由底至顶连续的剪刀撑；两剪刀撑内边之间距离不大于 15m。每道剪刀撑宽度不小于 4 跨，且不应小于 6m，斜杆与地面的倾角宜为 45°～60°。剪刀撑杆的接长采用搭接，搭接长度不得小于 1m，应采用不少于 3 个旋转扣件固定。 7. 第一层、顶层、作业层脚手板必须铺满、铺稳，脚手板采用对接平铺或搭接铺设；脚手板对接平铺时，脚手板外伸长度应取 130～150mm，两块脚手板外伸长度的和不应大于 300mm，脚手板搭接铺设搭接长度应大于 200mm，其伸出横向水平杆的长度不应小于 100mm。 8. 安全通道顶棚平面的钢管做到设置两层（"十"字布设）、钢管上竹笆或木工板铺设，上层四周应设置 900mm 高围挡和安全标志牌等。 9. 做好临边防护，操作层下必须支设平网，脚手架外张挂密目式安全立网，安全网随脚手架搭设而张挂，走道处安装不小于 180mm 高度的挡脚板。 10. 脚手架对角设置防雷接地装置。 11. 脚手架拆除前，应对脚手架作全面检查，清除剩余材料、工器具及杂物；施工区应设安全围栏和安全标志牌，并派专人监护，严禁非施工人员入内；拆除时要统一指挥，上下呼应	□合格 □不合格	□合格 □不合格	□合格 □不合格
		施工示意图	如图 1-16-1 所示，图为示意图，具体尺寸以施工方案为准	□合格 □不合格	□合格 □不合格	□合格 □不合格

施工项目部自查日期：　　　　　　监理项目部检查日期：　　　　　　业主项目部检查日期：

检查人签字：　　　　　　　　　　检查人签字：　　　　　　　　　　检查人签字：

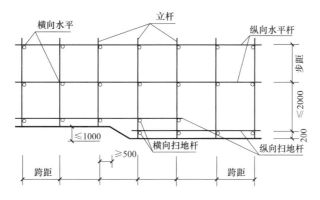

(a) 纵、横向扫地杆布设示意图

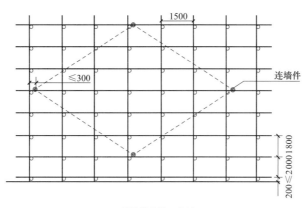

(b) 连墙件布设示意图

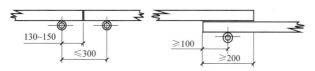

(c) 脚手板对接搭接布设示意图

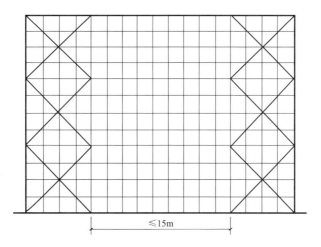

(d) 剪刀撑布设示意图

图 1-16-1 施工示意图（一）

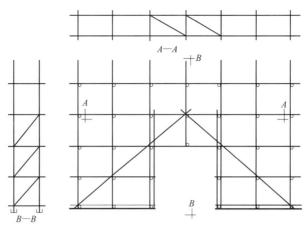

(e) 安全通道外墙架体部分布设示意图

图 1-16-1　施工示意图（二）

各参建单位及各二级巡检组监督检查情况见表 1-16-2。

表 1-16-2　　　　　　　　各参建单位及各二级巡检组监督检查情况

建管单位：	监理单位：	施工单位：
（建设管理、监理、施工单位及各自二级巡检组监督检查情况，应填写检查单位、检查时间、检查人员及检查结果）		

表 1-16-3　　　　　　　　　现场主要设备配置表

设备名称	规格和数量		
	110kV	220kV	500kV
6m 架管	$\phi48mm\times3.5mm\times6m$	$\phi48mm\times3.5mm\times6m$	$\phi48mm\times3.5mm\times6m$
4m 架管	$\phi48mm\times3.5mm\times4m$	$\phi48mm\times3.5mm\times4m$	$\phi48mm\times3.5mm\times4m$
3m 架管	$\phi48mm\times3.5mm\times3m$	$\phi48mm\times3.5mm\times3m$	$\phi48mm\times3.5mm\times3m$
1.5m 架管	$\phi48mm\times3.5mm\times1.5m$	$\phi48mm\times3.5mm\times1.5m$	$\phi48mm\times3.5mm\times1.5m$
扣件	十字卡、转卡、接卡	十字卡、转卡、接卡	十字卡、转卡、接卡
脚手板	$200mm\times4000mm\times50mm$	$200mm\times4000mm\times50mm$	$200mm\times4000mm\times50mm$
安全平网	$3m\times6m$	$3m\times6m$	$3m\times6m$
安全立网	$1.5m\times6m$	$1.5m\times6m$	$1.5m\times6m$
接地装置	$50mm\times5mm$ 扁铁，对角设两处	$50mm\times5mm$ 扁铁，对角设两处	$50mm\times5mm$ 扁铁，对角设两处

续表

设备名称	规格和数量		
	110kV	220kV	500kV
安全设施	安全带	安全带	安全带
	防滑鞋	防滑鞋	防滑鞋
计量仪器	经纬仪，1台； 水平仪，1台	经纬仪，1台； 水平仪，1台	经纬仪，1台； 水平仪，1台

2 电气设备安装工程

2.1 主变压器安装

主变压器安装检查表见表 2-1-1。

表 2-1-1 主变压器安装检查表

工程名称： 设备调度号：

工序	类别	检查内容	检查标准	检查结果		
				施工 项目部	监理 项目部	业主 项目部
主变压器安装	组织措施	现场数据配置	施工现场应留存下列资料： 1. 专项安全施工方案或作业指导书。 2. 安全风险交底材料：交底记录复印件或作业票签字。 3. 安全施工作业票及唱票录音或录像。 4. 输变电工程施工作业风险控制卡	□合 格 □不合格	□合 格 □不合格	□合 格 □不合格
		现场资料要求	1. 施工方案编制、审批手续齐全，施工负责人正确描述方案主要内容，现场按照施工方案执行。 2. 三级及以上风险等级工序作业前，办理"输变电工程安全施工作业票B"，制定"输变电工程施工作业风险控制卡"，补充风险控制措施，并由项目经理签发，填写风险复测单。 3. 安全风险识别、评估准确，各项预控措施具有针对性。 4. 交底内容与施工方案一致，并组织全员签字。 5. 作业票的工作内容、施工人员与现场一致。 6. 起重设备检验报告应合格有效	□合 格 □不合格	□合 格 □不合格	□合 格 □不合格
	人员	现场安全文明施工标准化要求	1. 施工现场设置安全围栏，无关人员禁止入内，悬挂安全警示牌，临边处设置安全围栏，孔洞使用铁板进行遮盖。 2. 施工人员着装统一，正确佩戴安全防护用品，工作负责人穿红马甲，安全监护人穿黄马甲。 3. 现场消防器材检验合格并布置合理。 4. 工器具、材料分类码放整齐。 5. 现场整洁无杂物	□合 格 □不合格	□合 格 □不合格	□合 格 □不合格
		现场人员配置	1. 施工负责人：1人。 2. 安全监护人：1人。 3. 起重机司机：1人。 4. 司索信号工：1人。 5. 其他人员：10人	□合 格 □不合格	□合 格 □不合格	□合 格 □不合格

工序	类别	检查内容	检查标准	检查结果		
				施工项目部	监理项目部	业主项目部
主变压器安装	人员	现场人员要求	1. 重要岗位和特种作业人员持证上岗（如项目经理、安全员、质量员、电工、电焊工、起重机司机等）。 2. 项目经理、项目总工、专职安全员应通过公司的基建安全培训和考试合格后持证上岗。 3. 施工人员上岗前应进行岗位培训及安全教育并考试合格。 4. 每班组应配置1名同进同出人员（总包管理人员）。 5. 施工负责人应为施工总承包单位人员（落实"同进同出"相关要求）	□合格 □不合格	□合格 □不合格	□合格 □不合格
	设备	现场设备配置	1. 起重机：1台。 2. 真空机组：1台。 3. 滤油机：1台。 4. 油罐：1台。 5. 含氧量测试仪：1台	□合格 □不合格	□合格 □不合格	□合格 □不合格
		现场设备要求	1. 施工设备、工器具的定期检验合格证明齐全，且在有效期内。 2. 施工设备、工器具的进场检查记录齐全、规范。 3. 施工设备工况良好、接地可靠并由具有相关操作经验的专人进行操作。 4. 滤油机滤油能力应不小于3000L/h。 5. 真空机组工作真空度不超过10Pa	□合格 □不合格	□合格 □不合格	□合格 □不合格
	安全技术措施	常规要求	1. 夏季配备防暑降温药品，冬季施工配备防寒用品。 2. 遇有雷雨、暴雨、浓雾、沙尘暴、六级及以上大风，不得进行高处作业和起重等作业。 3. 在霜冻、雨雪后进行高处作业，人员应采取防冻和防滑措施。 4. 起重机械设置明显防雷接地。 5. 变压器起重吊装过程中设专人指挥、专人监护；重要施工现场，各级管理人员要根据相关规定严格履行到岗到位。 6. 施工时周围空气温度不宜低于0，器身温度低于周围空气温度时，应将器身加热，使其温度高于周围空气温度10℃；空气相对湿度不得高于75%	□合格 □不合格	□合格 □不合格	□合格 □不合格

工序	类别	检查内容	检查标准	检查结果		
				施工项目部	监理项目部	业主项目部
主变压器安装	安全技术措施	专项措施	1. 储油罐设置接地装置，附近应无易燃物或明火作业，并设置安全防护围栏、安全标志牌和消防器材。 2. 吊罩时，起重机必须支撑平稳，必须设专人指挥，其他作业人员不得随意指挥起重机司机，吊臂下和钟罩下严禁站人或通行。 3. 起吊吊索夹角不宜大于60°，起吊应缓慢进行，钟罩吊离本体100mm左右，应停止起吊，检查起吊系统的受力情况，作业人员应在钟罩四角系溜绳并进行监视。 4. 回落钟罩时不许用手直接接触胶垫、圈，防止吊钩突然下滑压伤手指。 5. 在使用圆钢作为定位销时，作业人员应将双手放在底座大沿下部握紧圆钢，严禁一手在大沿上一手在大沿下部。 6. 不吊罩检查器身（钻筒检查）之前应用专用仪器对变压器内空气质量进行检测，在器身内部检查过程中，应连续充入露点小于−40℃的干燥空气，以保证器身内含氧量不低于18％。 7. 在进入变压器内部检查时，工作人员应穿专用工作服，工器具应系小绳，进出前后应清点工器具。 8. 在变压器顶部工作时，应设置水平安全绳。 9. 滤油机应远离火源，并应有防火措施	□合　格 □不合格	□合　格 □不合格	□合　格 □不合格
		施工示意图	如图 2-1-1 所示。 图 2-1-1　施工示意图	□合　格 □不合格	□合　格 □不合格	□合　格 □不合格

施工项目部自查日期：　　　　　　　监理项目部检查日期：　　　　　　　业主项目部检查日期：

检查人签字：　　　　　　　　　　　检查人签字：　　　　　　　　　　　检查人签字：

各参建单位及各二级巡检组监督检查情况见表 2-1-2。

表 2-1-2　　　　　　　各参建单位及各二级巡检组监督检查情况

建管单位：	监理单位：	施工单位：
（建设管理、监理、施工单位及各自二级巡检组监督检查情况，应填写检查单位、检查时间、检查人员及检查结果）		

2.2　组合电器安装

组合电器安装检查表见表 2-2-1。

表 2-2-1　　　　　　　　　组合电器安装检查表

工程名称：　　　　　　　　　　　　　　　　设备电压等级：

工序	类别	检查内容	检查标准	检查结果		
				施工项目部	监理项目部	业主项目部
组合电器安装	组织措施	现场数据配置	施工现场应留存下列资料： 1. 专项安全施工方案或作业指导书。 2. 安全风险交底材料：交底记录复印件或作业票签字。 3. 安全施工作业票及唱票录音或录像。 4. 输变电工程施工作业风险控制卡	□合　格 □不合格	□合　格 □不合格	□合　格 □不合格
		现场资料要求	1. 施工方案编制、审批手续齐全，施工负责人正确描述方案主要内容，现场严格按照施工方案执行。 2. 二级及以下风险等级工序作业前，办理"输变电工程安全施工作业票 A"，并由施工队长签发。 3. 安全风险识别、评估准确，各项预控措施具有针对性。 4. 交底内容与施工方案一致，并组织全员签字。 5. 作业票的工作内容、施工人员与现场一致。 6. 起重设备检验报告应合格有效	□合　格 □不合格	□合　格 □不合格	□合　格 □不合格

工序	类别	检查内容	检查标准	检查结果		
				施工项目部	监理项目部	业主项目部
组合电器安装	组织措施	现场安全文明施工标准化要求	1. 施工现场设置安全围栏，无关人员禁止入内，悬挂安全警示牌，临边处设置安全围栏，孔洞使用铁板进行遮盖。 2. 施工人员着装统一，正确佩戴安全防护用品。 3. 现场消防器材检验合格并布置合理。 4. 工器具、材料分类码放整齐。 5. 现场整洁无杂物	□合 格 □不合格	□合 格 □不合格	□合 格 □不合格
	人员	现场人员配置	1. 施工负责人：1人。 2. 安全监护人：1人。 3. 起重机司机：1人。 4. 司索信号工：1人。 5. 其他人员：7人	□合 格 □不合格	□合 格 □不合格	□合 格 □不合格
		现场人员要求	1. 重要岗位和特种作业人员持证上岗（如项目经理、安全员、质量员、电工、电焊工、起重机司机等）。 2. 项目经理、项目总工、专职安全员应通过公司的基建安全培训和考试合格后持证上岗。 3. 施工人员上岗前应进行岗位培训及安全教育并考试合格。 4. 每班组应配置1名同进同出人员（总包管理人员）。 5. 施工负责人应为施工总承包单位人员（落实"同进同出"相关要求）	□合 格 □不合格	□合 格 □不合格	□合 格 □不合格
	设备	现场设备配置	1. 起重机：1台。 2. SF_6 回收装置：1台。 3. 真空泵：1台。 4. 直流电阻仪：1台。 5. 检漏仪器：1台。 6. 水分仪：1台	□合 格 □不合格	□合 格 □不合格	□合 格 □不合格
		现场设备要求	1. 起重机起重重量应符合施工方案要求。 2. 起重机、施工设备、工器具的定期检验合格证明齐全，且在有效期内。 3. 起重机、施工设备、工器具的进场检查记录齐全、规范。 4. 施工设备工况良好、接地可靠并由具有相关操作经验的专人进行操作	□合 格 □不合格	□合 格 □不合格	□合 格 □不合格

工序	类别	检查内容	检查标准	检查结果		
				施工项目部	监理项目部	业主项目部
组合电器安装	安全技术措施	常规要求	1. 夏季配备防暑降温药品，冬季施工配备防寒用品。 2. 遇有雷雨、暴雨、浓雾、沙尘暴、六级及以上大风，不得进行起重等作业。 3. 起重吊装过程中设专人指挥、专人监护。 4. 施工时，现场空气相对湿度不高于80%。 5. 梯子坚固牢靠并有防滑措施	□合格 □不合格	□合格 □不合格	□合格 □不合格
		专项措施	1. 在用起重机吊运GIS设备主体时设专人指挥，其他作业人员不得随意指挥起重机司机。 2. GIS吊离地面100mm时，停止起吊，检查起重机、钢丝绳扣是否平稳牢靠，确认无误后继续起吊，起吊后任何人不得在GIS吊移范围内停留或走动。 3. GIS主体设备就位应放置在滚杠上，利用链条葫芦等牵引设备作为牵引动力源，未用撬杠直接撬动设备。 4. 牵引前作业人员应检查所有绳扣及牵引设备，确认无误后，继续牵引。 5. 对接过程，作业人员使用撬杠做小距离的移动，手不得扶在母线筒等设备的法兰对接处。 6. GIS高处作业时设置水平安全绳	□合格 □不合格	□合格 □不合格	□合格 □不合格
		施工示意图	如图2-2-1所示。 图2-2-1 施工示意图	□合格 □不合格	□合格 □不合格	□合格 □不合格

施工项目部自查日期：　　　　监理项目部检查日期：　　　　业主项目部检查日期：

检查人签字：　　　　　　　　检查人签字：　　　　　　　　检查人签字：

各参建单位及各二级巡检组监督检查情况见表 2-2-2。

表 2-2-2　　　　　　　　各参建单位及各二级巡检组监督检查情况

建管单位：	监理单位：	施工单位：
（建设管理、监理、施工单位及各自二级巡检组监督检查情况，应填写检查单位、检查时间、检查人员及检查结果） 		

2.3　开　关　柜　安　装

开关柜安装检查表见表 2-3-1。

表 2-3-1　　　　　　　　　　开 关 柜 安 装 检 查 表

工程名称：　　　　　　　　　　　　　　　　　　电压等级：

工序	类别	检查内容	检查标准	检查结果		
				施工项目部	监理项目部	业主项目部
开关柜安装	组织措施	现场数据配置	**施工现场应留存下列资料：** 1. 专项安全施工方案或作业指导书。 2. 安全风险交底材料：交底记录复印件或作业票签字。 3. 安全施工作业票及唱票录音或录像。 4. 输变电工程施工作业风险控制卡	□合　格 □不合格	□合　格 □不合格	□合　格 □不合格
		现场资料要求	1. 施工方案编制、审批手续齐全，施工负责人正确描述方案主要内容，现场按照施工方案执行。 2. 二级及以下风险等级工序作业前，办理"输变电工程安全施工作业票 A"，并由施工队长签发。 3. 安全风险识别、评估准确，各项预控措施具有针对性。 4. 交底内容与施工方案一致，并组织全员签字。 5. 作业票的工作内容、施工人员与现场一致。 6. 起重设备检验报告应合格有效	□合　格 □不合格	□合　格 □不合格	□合　格 □不合格

工序	类别	检查内容	检查标准	检查结果		
				施工项目部	监理项目部	业主项目部
开关柜安装	组织措施	现场安全文明施工标准化要求	1. 施工现场设置安全围栏，无关人员禁止入内，悬挂安全警示牌，临边处设置安全围栏，孔洞使用铁板进行遮盖。 2. 施工人员着装统一，正确佩戴安全防护用品，工作负责人穿红马甲，安全监护人穿黄马甲。 3. 现场消防器材检验合格并布置合理。 4. 工器具、材料分类码放整齐。 5. 现场整洁无杂物	□合 格 □不合格	□合 格 □不合格	□合 格 □不合格
	人员	现场人员配置	1. 施工负责人：1人。 2. 安全监护人：1人。 3. 起重机司机：1人。 4. 司索信号工 1人。 5. 其他人员：8人	□合 格 □不合格	□合 格 □不合格	□合 格 □不合格
		现场人员要求	1. 重要岗位和特种作业人员持证上岗（如项目经理、安全员、质量员、电工、电焊工、起重机司机等）。 2. 项目经理、项目总工、专职安全员应通过公司的基建安全培训和考试合格后持证上岗； 3. 施工人员上岗前应进行岗位培训及安全教育并考试合格。 4. 每班组应配置1名同进同出人员（总包管理人员）。 5. 施工负责人应为施工总承包单位人员（落实"同进同出"相关要求）	□合 格 □不合格	□合 格 □不合格	□合 格 □不合格
	设备	现场设备配置	1. 起重机：1台。 2. 液压叉架起货机：1台（3t 及以上）。 3. 电焊机：1台	□合 格 □不合格	□合 格 □不合格	□合 格 □不合格
		现场设备要求	1. 起重机起重重量应符合施工方案要求。 2. 起重机、施工设备、工器具的定期检验合格证明齐全，且在有效期内。 3. 起重机、施工设备、工器具的进场检查记录齐全、规范。 4. 施工设备工况良好、接地可靠并由具有相关操作经验的专人进行操作	□合 格 □不合格	□合 格 □不合格	□合 格 □不合格
	安全技术措施	常规要求	1. 夏季配备防暑降温药品，冬季施工配备防寒用品。 2. 遇有雷雨、暴雨、浓雾、沙尘暴、六级及以上大风，不得进行起重等作业。 3. 梯子应该坚固牢靠并有防滑措施	□合 格 □不合格	□合 格 □不合格	□合 格 □不合格

续表

工序	类别	检查内容	检查标准	检查结果		
				施工项目部	监理项目部	业主项目部
开关柜安装	安全技术措施	专项措施	1. 拆箱时作业人员应相互协调，无野蛮作业，及时将拆下的木板清理干净。 2. 使用起重机时，起重机支撑平稳，设专人指挥，其他作业人员不得随意指挥起重机司机，在起重臂的回转半径内，无站人或有人经过。 3. 液压叉架起货机未超负荷使用。 4. 组开关柜时，作业人员充足，设专人指挥，作业人员服从指挥，统一行动。 5. 开关柜找正时，作业人员无将手、脚伸入柜底现象。 6. 在开关柜顶部作业时，设置水平安全绳	□合　格 □不合格	□合　格 □不合格	□合　格 □不合格
		施工示意图	如图 2-3-1 所示。 图 2-3-1　施工示意图	□合　格 □不合格	□合　格 □不合格	□合　格 □不合格

施工项目部自查日期：　　　　监理项目部检查日期：　　　　业主项目部检查日期：

检查人签字：　　　　　　　　检查人签字：　　　　　　　　检查人签字：

各参建单位及各二级巡检组监督检查情况见表 2-3-2。

表 2-3-2　　　　各参建单位及各二级巡检组监督检查情况

建管单位：	监理单位：	施工单位：
（建设管理、监理、施工单位及各自二级巡检组监督检查情况，应填写检查单位、检查时间、检查人员及检查结果）		

2.4 附属设备安装

附属设备安装检查表见表 2-4-1。

表 2-4-1　　　　　　　　　　附属设备安装检查表

工程名称：　　　　　　　　　　　　　　　　设备名称：

工序	类别	检查内容	检查标准	检查结果		
				施工项目部	监理项目部	业主项目部
附属设备安装	组织措施	现场数据配置	施工现场应留存下列资料： 1. 专项安全施工方案或作业指导书。 2. 安全风险交底材料：交底记录复印件或作业票签字。 3. 安全施工作业票及唱票录音或录像。 4. 输变电工程施工作业风险控制卡	□合　格 □不合格	□合　格 □不合格	□合　格 □不合格
		现场资料要求	1. 施工方案编制、审批手续齐全，施工负责人正确描述方案主要内容，现场严格按照施工方案执行。 2. 二级及以下风险等级工序作业前，办理"输变电工程安全施工作业票 A"，并由施工队长签发。 3. 安全风险识别、评估准确，各项预控措施具有针对性。 4. 交底内容与施工方案一致，并组织全员签字。 5. 作业票的工作内容、施工人员与现场一致。 6. 起重设备检验报告应合格有效	□合　格 □不合格	□合　格 □不合格	□合　格 □不合格
		现场安全文明施工标准化要求	1. 施工现场设置安全围栏，无关人员禁止入内，悬挂安全警示牌，临边处设置安全围栏，孔洞使用铁板进行遮盖。 2. 施工人员着装统一，正确佩戴安全防护用品。 3. 现场消防器材检验合格并布置合理。 4. 工器具、材料分类码放整齐。 5. 现场整洁无杂物	□合　格 □不合格	□合　格 □不合格	□合　格 □不合格
	人员	现场人员配置	1. 施工负责人：1人。 2. 安全监护人：1人。 3. 高处作业人员：2人。 4. 起重机司机：1人。 5. 司索信号工：1人。 6. 其他人员：5人	□合　格 □不合格	□合　格 □不合格	□合　格 □不合格

续表

工序	类别	检查内容	检查标准	检查结果		
				施工项目部	监理项目部	业主项目部
附属设备安装	人员	现场人员要求	1. 重要岗位和特种作业人员持证上岗（如项目经理、安全员、质量员、电工、电焊工、起重机司机等）。 2. 项目经理、项目总工、专职安全员应通过公司的基建安全培训和考试合格后持证上岗。 3. 施工人员上岗前应进行岗位培训及安全教育并考试合格。 4. 每班组应配置1名同进同出人员（总包管理人员）。 5. 施工负责人应为施工总承包单位人员（落实"同进同出"相关要求）	□合格 □不合格	□合格 □不合格	□合格 □不合格
	设备	现场设备配置	1. 起重机：1台。 2. 电焊机：1台。 3. 砂轮锯：1台。 4. 母线加工机：1台。 5. 直流电阻仪：1台	□合格 □不合格	□合格 □不合格	□合格 □不合格
		现场设备要求	1. 起重机起重重量应符合施工方案要求。 2. 起重机、施工设备、工器具的定期检验合格证明齐全，且在有效期内。 3. 起重机、施工设备、工器具的进场检查记录齐全、规范。 4. 施工设备工况良好、接地可靠并由具有相关操作经验的专人进行操作	□合格 □不合格	□合格 □不合格	□合格 □不合格
	安全技术措施	常规要求	1. 夏季配备防暑降温药品，冬季施工配备防寒用品。 2. 遇有雷雨、暴雨、浓雾、沙尘暴、六级及以上大风，不得进行起重等作业。 3. 梯子坚固牢靠并有防滑措施	□合格 □不合格	□合格 □不合格	□合格 □不合格
		专项措施	1. 起重机、U形环、吊绳（带）等起重工器具，经检验、试运行、检查，性能完好，满足使用要求。 2. 吊索（千斤绳）的夹角一般不大于90°，最大不超过120°，起重机吊臂的最大仰角不超过制造厂铭牌规定。 3. 起吊大件或不规则组件时，在吊件上拴以牢固的溜绳。 4. 起重工作区域内无关人员不得停留或通过；在伸臂及吊物的下方，无任何人员通过或逗留。 5. 高处作业人员正确使用安全带。	□合格 □不合格	□合格 □不合格	□合格 □不合格

工序	类别	检查内容	检查标准	检查结果		
				施工项目部	监理项目部	业主项目部
附属设备安装	安全技术措施	专项措施	6. 使用砂轮锯、母线加工机时严禁戴手套。 7. 设备二次运输时应精神集中、动作协调,无挤压手脚现象	□合　格 □不合格	□合　格 □不合格	□合　格 □不合格
		施工示意图	如图 2-4-1 所示。 电抗器 图 2-4-1　施工示意图	□合　格 □不合格	□合　格 □不合格	□合　格 □不合格

施工项目部自查日期:　　　　　　　监理项目部检查日期:　　　　　　　业主项目部检查日期:

检查人签字:　　　　　　　　　　　检查人签字:　　　　　　　　　　　检查人签字:

　　各参建单位及各二级巡检组监督检查情况见表 2-4-2。

表 2-4-2　　　　　　　各参建单位及各二级巡检组监督检查情况

建管单位:	监理单位:	施工单位:
(建设管理、监理、施工单位及各自二级巡检组监督检查情况,应填写检查单位、检查时间、检查人员及检查结果)		

2.5 架 构 组 立

架构组立检查表见表 2-5-1。

表 2-5-1　　　　　　　　　　　　架 构 组 立 检 查 表

工程名称：　　　　　　　　　　　　　　　安装区域：

工序	类别	检查内容	检查标准	检查结果		
				施工项目部	监理项目部	业主项目部
架构组立	组织措施	现场数据配置	施工现场应留存下列资料： 1. 专项安全施工方案或作业指导书。 2. 安全风险交底材料：交底记录复印件或作业票签字。 3. 安全施工作业票及唱票录音或录像。 4. 输变电工程施工作业风险控制卡	□合格 □不合格	□合格 □不合格	□合格 □不合格
		现场资料要求	1. 施工方案编制、审批手续齐全，施工负责人正确描述方案主要内容，现场严格按照施工方案执行。 2. 三级及以上风险等级工序作业前，办理"输变电工程安全施工作业票B"，制定"输变电工程施工作业风险控制卡"，补充风险控制措施，并由项目经理签发，填写风险复测单。 3. 安全风险识别、评估准确，各项预控措施具有针对性。 4. 交底内容与施工方案一致，并组织全员签字。 5. 作业票的工作内容、施工人员与现场一致。 6. 起重设备检验报告应合格有效	□合格 □不合格	□合格 □不合格	□合格 □不合格
		现场安全文明施工标准化要求	1. 施工现场设置安全围栏，无关人员禁止入内，悬挂安全警示牌，临边处设置安全围栏，孔洞使用铁板进行遮盖。 2. 施工人员着装统一，正确佩戴安全防护用品。 3. 现场消防器材检验合格并布置合理。 4. 工器具、材料分类码放整齐。 5. 现场整洁无杂物	□合格 □不合格	□合格 □不合格	□合格 □不合格
	人员	现场人员配置	1. 施工负责人：1人。 2. 安全监护人：1人。 3. 高处作业人员：2人。 4. 起重机司机：1人。 5. 司索信号工：1人。 6. 其他人员：10人	□合格 □不合格	□合格 □不合格	□合格 □不合格

续表

工序	类别	检查内容	检查标准	检查结果		
				施工项目部	监理项目部	业主项目部
架构组立	人员	现场人员要求	1. 重要岗位和特种作业人员持证上岗（如项目经理、安全员、质量员、电工、电焊工、起重机司机等）。 2. 项目经理、项目总工、专职安全员应通过公司的基建安全培训和考试合格后持证上岗。 3. 施工人员上岗前应进行岗位培训及安全教育并考试合格。 4. 每班组应配置1名同进同出人员（总包管理人员）。 5. 施工负责人应为施工总承包单位人员（落实"同进同出"相关要求）	□合　格 □不合格	□合　格 □不合格	□合　格 □不合格
	设备	现场设备配置	1. 起重机：1台。 2. 电焊机：1台。 3. 电钻：1台。 4. 千斤顶：1台。 5. 经纬仪：1台	□合　格 □不合格	□合　格 □不合格	□合　格 □不合格
		现场设备要求	1. 起重机起重重量应符合施工方案要求。 2. 起重机、施工设备、工器具的定期检验合格证明齐全，且在有效期内。 3. 起重机、施工设备、工器具的进场检查记录齐全、规范。 4. 施工设备工况良好、接地可靠并由具有相关操作经验的专人进行操作	□合　格 □不合格	□合　格 □不合格	□合　格 □不合格
	安全技术措施	常规要求	1. 夏季配备防暑降温药品，冬季施工配备防寒用品。 2. 遇有雷雨、暴雨、浓雾、沙尘暴、六级及以上大风，不得进行高处作业和起重等作业。 3. 在霜冻、雨雪后进行高处作业，人员采取防冻和防滑措施。 4. 起重吊装过程中设专人指挥、专人监护	□合　格 □不合格	□合　格 □不合格	□合　格 □不合格
		专项措施	1. 起重机、U形环、吊绳（带）、双钩紧线器、临时拉线等起重工器具，经检验、试运行、检查，性能完好，满足使用要求。 2. 吊索（千斤绳）的夹角一般不大于90°，最大不得超过120°，起重机吊臂的最大仰角未超过制造厂铭牌规定。	□合　格 □不合格	□合　格 □不合格	□合　格 □不合格

工序	类别	检查内容	检查标准	检查结果		
				施工项目部	监理项目部	业主项目部
架构组立	安全技术措施	专项措施	3. 起吊大件或不规则组件时，在吊件上拴以牢固的控制绳。 4. 起重工作区域内无关人员不得停留或通过；在伸臂及吊物的下方，严禁任何人员通过或逗留。 5. 起吊前检查起重设备及其安全装置；重物吊离地面约 100mm 时暂停起吊并进行全面检查，确认良好后方可正式起吊。 6. 杆管在现场倒运时严禁采用直接滚动方法卸车，采用人力滚动杆段时，应动作协调，滚动前方不得站人。 7. 临时拉线绑扎点靠近 A 型杆头，使临时拉线发挥最大拉力，构架树立稳定。 8. 在杆根部及临时拉线未固定好之前，无登杆作业现象。 9. 横梁吊装时所用的吊带或钢丝绳，在吊点处使用厚胶皮或方木条进行保护（防止因横梁的主铁将吊绳卡断）。 10. 吊装过程中横梁两端要用溜绳控制横梁方向，待横梁距就位点的正上方 200～300mm 稳定后，作业人员方可开始进入作业点。 11. 构支架、避雷针组立完成后，及时将构支架、避雷针进行接地。 12. 接地网未形成的施工现场，增设临时接地装置	□合 格 □不合格	□合 格 □不合格	□合 格 □不合格
		施工示意图	如图 2-5-1 所示。 图 2-5-1 施工示意图	□合 格 □不合格	□合 格 □不合格	□合 格 □不合格

施工项目部自查日期：　　　　监理项目部检查日期：　　　　业主项目部检查日期：

检查人签字：　　　　　　　　检查人签字：　　　　　　　　检查人签字：

各参建单位及各二级巡检组监督检查情况见表 2-5-2。

表 2-5-2　　　　　　　　各参建单位及各二级巡检组监督检查情况

建管单位：	监理单位：	施工单位：
（建设管理、监理、施工单位及各自二级巡检组监督检查情况，应填写检查单位、检查时间、检查人员及检查结果） 		

2.6　屏　柜　安　装

屏柜安装检查表见表 2-6-1。

表 2-6-1　　　　　　　　　　屏 柜 安 装 检 查 表

工程名称：　　　　　　　　　　　　　　　　安装区域：

工序	类别	检查内容	检查标准	检查结果		
				施工项目部	监理项目部	业主项目部
屏柜安装	组织措施	现场资料配置	**施工现场应留存下列资料：** 1. 专项安全施工方案或作业指导书。 2. 安全风险交底材料：交底记录复印件或作业票签字。 3. 安全施工作业票及唱票录音或录像。 4. 输变电工程施工作业风险控制卡	□合　格 □不合格	□合　格 □不合格	□合　格 □不合格
		现场资料要求	1. 施工方案编审批手续齐全，施工负责人正确描述方案主要内容，现场严格按照施工方案执行。 2. 二级及以下风险等级工序作业前，办理"输变电工程安全施工作业票 A"，并由施工队长签发。 3. 安全风险识别、评估准确，各项预控措施具有针对性。 4. 交底内容与施工方案一致，并组织全员签字。 5. 作业票的工作内容、施工人员与现场一致。 6. 起重设备检验报告应合格有效	□合　格 □不合格	□合　格 □不合格	□合　格 □不合格
		现场安全文明施工标准化要求	1. 施工现场设置安全围栏，无关人员禁止入内，悬挂安全警示牌，临边处设置安全围栏，孔洞使用铁板进行遮盖。	□合　格 □不合格	□合　格 □不合格	□合　格 □不合格

工序	类别	检查内容	检查标准	检查结果		
				施工项目部	监理项目部	业主项目部
屏柜安装	组织措施	现场安全文明施工标准化要求	2. 施工人员着装统一，正确佩戴安全防护用品。 3. 现场消防器材检验合格并布置合理。 4. 工器具、材料分类码放整齐。 5. 现场整洁无杂物	□合 格 □不合格	□合 格 □不合格	□合 格 □不合格
	人员	现场人员配置	1. 施工负责人：1人。 2. 安全监护人：1人。 3. 起重机司机：1人。 4. 司索信号工：1人。 5. 其他人员：4人	□合 格 □不合格	□合 格 □不合格	□合 格 □不合格
		现场人员要求	1. 重要岗位和特种作业人员持证上岗（如项目经理、安全员、质量员、电工、电焊工、起重机司机等）。 2. 项目经理、项目总工、专职安全员应通过公司的基建安全培训和考试合格后持证上岗。 3. 施工人员上岗前应进行岗位培训及安全教育并考试合格。 4. 每班组应配置1名同进同出人员（总包管理人员）。 5. 施工负责人应为施工总承包单位人员（落实"同进同出"相关要求）	□合 格 □不合格	□合 格 □不合格	□合 格 □不合格
	设备	现场设备配置	1. 起重机：1台。 2. 液压叉架起货机：1台（3t）。 3. 电焊机：1台	□合 格 □不合格	□合 格 □不合格	□合 格 □不合格
		现场设备要求	1. 起重机起重重量应符合施工方案要求。 2. 起重机、施工设备、工器具的定期检验合格证明齐全，且在有效期内。 3. 起重机、施工设备、工器具的进场检查记录齐全、规范。 4. 施工设备工况良好、接地可靠并由具有相关操作经验的专人进行操作	□合 格 □不合格	□合 格 □不合格	□合 格 □不合格
	安全技术措施	常规要求	1. 夏季配备防暑降温药品，冬季施工配备防寒用品。 2. 遇有雷雨、暴雨、浓雾、沙尘暴、六级及以上大风，不得进行起重等作业。 3. 梯子坚固牢靠，有防滑措施	□合 格 □不合格	□合 格 □不合格	□合 格 □不合格

工序	类别	检查内容	检查标准	检查结果		
				施工项目部	监理项目部	业主项目部
屏柜安装	安全技术措施	专项措施	1. 拆箱时作业人员应相互协调，无野蛮作业现象，及时将拆下的木板清理干净。 2. 使用起重机时，起重机支撑平稳，设专人指挥，其他作业人员不得随意指挥起重机司机，在起重臂的回转半径内，无站人或有人经过。 3. 液压叉架起货机未超负荷使用。 4. 使用电钻时严禁戴手套。 5. 组立屏、柜时，作业人员充足，设专人指挥，作业人员服从指挥，统一行动。 6. 屏、柜找正时，作业人员无将手、脚伸入柜底现象	□合　格 □不合格	□合　格 □不合格	□合　格 □不合格
		施工示意图	如图 2-6-1 所示。 保护屏正面　　保护屏背面 图 2-6-1　施工示意图	□合　格 □不合格	□合　格 □不合格	□合　格 □不合格

施工项目部自查日期：　　　　　　监理项目部检查日期：　　　　　　业主项目部检查日期：

检查人签字：　　　　　　　　　　检查人签字：　　　　　　　　　　检查人签字：

各参建单位及各二级巡检组监督检查情况见表 2-6-2。

表 2-6-2　　　　　　　各参建单位及各二级巡检组监督检查情况

建管单位：	监理单位：	施工单位：
（建设管理、监理、施工单位及各自二级巡检组监督检查情况，应填写检查单位、检查时间、检查人员及检查结果）		

2.7 全站二次电缆敷设及接线

全站二次电缆敷设及接线检查表见表 2-7-1。

表 2-7-1 全站二次电缆敷设及接线检查表

工程名称： 安装区域：

工序	类别	检查内容	检查标准	检查结果		
				施工项目部	监理项目部	业主项目部
全站二次电缆敷设及接线	组织措施	现场资料配置	**施工现场应留存下列资料：** 1. 专项安全施工方案或作业指导书。 2. 安全风险交底材料：交底记录复印件或作业票签字。 3. 安全施工作业票及唱票录音或录像。 4. 输变电工程施工作业风险控制卡	□合格 □不合格	□合格 □不合格	□合格 □不合格
		现场资料要求	1. 施工方案编制、审批手续齐全，施工负责人正确描述方案主要内容，现场严格按照施工方案执行。 2. 二级及以下风险等级工序作业前，办理"输变电工程安全施工作业票 A"，并由施工队长签发。 3. 安全风险识别、评估准确，各项预控措施具有针对性。 4. 交底内容与施工方案一致，并组织全员签字。 5. 作业票的工作内容、施工人员与现场一致。 6. 起重设备检验报告应合格有效	□合格 □不合格	□合格 □不合格	□合格 □不合格
		现场安全文明施工标准化要求	1. 施工现场设置安全围栏，无关人员禁止入内，悬挂安全警示牌，临边处设置安全围栏，孔洞使用铁板进行遮盖。 2. 施工人员着装统一，正确佩戴安全防护用品。 3. 现场消防器材检验合格并布置合理。 4. 工器具、材料分类码放整齐。 5. 现场整洁无杂物	□合格 □不合格	□合格 □不合格	□合格 □不合格
	人员	现场人员配置	1. 施工负责人：1 人。 2. 安全监护人：1 人。 3. 电缆敷设：30～40 人。 4. 二次接线：7 人	□合格 □不合格	□合格 □不合格	□合格 □不合格
		现场人员要求	1. 重要岗位和特种作业人员持证上岗（如项目经理、安全员、质量员、电工、电焊工、起重机司机等）。	□合格 □不合格	□合格 □不合格	□合格 □不合格

工序	类别	检查内容	检查标准	检查结果		
				施工项目部	监理项目部	业主项目部
全站二次电缆敷设及接线	人员	现场人员要求	2. 项目经理、项目总工、专职安全员应通过公司的基建安全培训和考试合格后持证上岗。 3. 其他施工人员上岗前应进行岗位培训及安全教育并考试合格。 4. 每班组应配置1名同进同出人员（总包管理人员）。 5. 施工负责人应为施工总承包单位人员（落实"同进同出"相关要求）	□合格 □不合格	□合格 □不合格	□合格 □不合格
	设备	现场设备配置	1. 起重机：1台。 2. 电缆放线支架：1副。 3. 绝缘电阻表：1个（2500V）。 4. 对讲机：4对。 5. 万用表：4个	□合格 □不合格	□合格 □不合格	□合格 □不合格
		现场设备要求	1. 起重机起重重量应符合施工方案要求。 2. 起重机、施工设备、工器具的定期检验合格证明齐全，且在有效期内。 3. 施工设备、工器具的进场检查记录齐全、规范。 4. 施工设备工况良好、接地可靠并由具有相关操作经验的专人进行操作	□合格 □不合格	□合格 □不合格	□合格 □不合格
	安全技术措施	常规要求	1. 夏季配备防暑降温药品，冬季施工配备防寒用品。 2. 遇有雷雨、暴雨、浓雾、沙尘暴、六级及以上大风，不得进行起重等作业。 3. 梯子坚固牢靠，有防滑措施	□合格 □不合格	□合格 □不合格	□合格 □不合格
		专项措施	1. 电缆敷设时应设专人统一指挥，指挥人员指挥信号应明确、传达到位。 2. 敷设人员戴好安全帽、手套，严禁穿塑料底鞋，听从统一口令，用力均匀协调。 3. 在电缆夹层内作业时，拖拽人员精力集中、动作轻缓。 4. 拐角处的施工人员站在电缆外侧，避免电缆突然带紧将作业人员摔倒。 5. 电缆通过孔洞时，出口侧的人员不得在正面接引（避免电缆伤及面部）。 6. 拖拽电缆时速度适宜（防止电缆放线支架侧翻伤人）	□合格 □不合格	□合格 □不合格	□合格 □不合格

工序	类别	检查内容	检查标准	检查结果		
				施工 项目部	监理 项目部	业主 项目部
全站二次电缆敷设及接线	安全技术措施	专项措施	7. 高压电缆敷设采用人力敷设时，作业人员听从指挥统一行动，抬电缆行走时注意脚下，放电缆时协调一致同时下放（避免扭腰砸脚和磕坏电缆外绝缘）。 8. 在临时打开的沟盖、孔洞处设立警示牌、围栏，每天完工后立即封闭。 9. 剥开电缆时，用力轻缓均匀（避免用力过猛伤及自身及他人）。 10. 在进行电缆绝缘检查时及时告知相关工作人员远离被测电缆，摇测绝缘前后对被测电缆进行充分放电	□合　格 □不合格	□合　格 □不合格	□合　格 □不合格
		施工示意图	如图 2-7-1 所示。 图 2-7-1　施工示意图	□合　格 □不合格	□合　格 □不合格	□合　格 □不合格

施工项目部自查日期：　　　　　　　监理项目部检查日期：　　　　　　　业主项目部检查日期：

检查人签字：　　　　　　　　　　　检查人签字：　　　　　　　　　　　检查人签字：

各参建单位及各二级巡检组监督检查情况见表 2-7-2。

表 2-7-2　　　　　　　各参建单位及各二级巡检组监督检查情况

建管单位：	监理单位：	施工单位：
（建设管理、监理、施工单位及各自二级巡检组监督检查情况，应填写检查单位、检查时间、检查人员及检查结果）		

2.8　系　统　调　试

系统调试检查表见表 2-8-1。

表 2-8-1 　　　　　　　　　　系 统 调 试 检 查 表

工程名称：　　　　　　　　　　　　　　　　工作区域：

工序	类别	检查内容	检查标准	检查结果		
				施工项目部	监理项目部	业主项目部
系统调试	组织措施	现场资料配置	**施工现场应留存下列资料：** 1. 专项安全施工方案或作业指导书。 2. 安全风险交底材料：交底记录复印件或作业票签字。 3. 安全施工作业票及唱票录音或录像。 4. 输变电工程施工作业风险控制卡	□合格 □不合格	□合格 □不合格	□合格 □不合格
		现场资料要求	1. 施工方案编制、审批手续齐全，施工负责人正确描述方案主要内容，现场严格按照施工方案执行。 2. 二级及以下风险等级工序作业前，办理"输变电工程安全施工作业票 A"，并由施工队长签发。 3. 安全风险识别、评估准确，各项预控措施具有针对性。 4. 交底内容与施工方案一致，并组织全员签字。 5. 作业票的工作内容、施工人员与现场一致。 6. 起重设备检验报告应合格有效	□合格 □不合格	□合格 □不合格	□合格 □不合格
		现场安全文明施工标准化要求	1. 施工人员着装统一，正确佩戴安全防护用品。 2. 现场消防器材检验合格并布置合理。 3. 工器具、材料分类码放整齐。 4. 现场整洁无杂物	□合格 □不合格	□合格 □不合格	□合格 □不合格
	人员	现场人员配置	1. 施工负责人：1人。 2. 安全监护人：1人。 3. 调试人员：6人	□合格 □不合格	□合格 □不合格	□合格 □不合格
		现场人员要求	1. 重要岗位和特种作业人员持证上岗（如项目经理、安全员、质量员、电工、电焊工、起重机司机等）。 2. 项目经理、项目总工、专职安全员应通过公司的基建安全培训和考试合格后持证上岗。 3. 施工人员上岗前应进行岗位培训及安全教育并考试合格。 4. 每班组应配置1名同进同出人员（总包管理人员）。 5. 施工负责人应为施工总承包单位人员（落实"同进同出"相关要求）	□合格 □不合格	□合格 □不合格	□合格 □不合格

工序	类别	检查内容	检查标准	检查结果		
				施工项目部	监理项目部	业主项目部
系统调试	设备	现场设备配置	1. 继电保护测试仪：1台。 2. 直流电阻测试仪：1台。 3. 充放电记录仪：1台。 4. 万用表：3个。 5. 绝缘电阻表：1个（2500V）	□合　格 □不合格	□合　格 □不合格	□合　格 □不合格
		现场设备要求	1. 施工设备、工器具的定期检验合格证明齐全，且在有效期内。 2. 施工设备、工器具的进场检查记录齐全、规范。 3. 施工设备工况良好、接地可靠并由具有相关操作经验的专人进行操作	□合　格 □不合格	□合　格 □不合格	□合　格 □不合格
	安全技术措施	常规要求	夏季配备防暑降温药品，冬季施工配备防寒用品	□合　格 □不合格	□合　格 □不合格	□合　格 □不合格
		专项措施	1. 调试过程试验电源从临时电源箱取得，未使用破损不安全的电源线，用电设备与电源点距离超过3m的，使用带漏电保护器的移动式电源盘，试验设备通电过程中，试验人员未中途离开，工作结束后及时将试验电源断开。 2. 已带电的直流屏和低压配电屏上悬挂"设备运行中"标志牌和装设安全围网，各抽屉开关断开；不能送电的抽屉开关悬挂"禁止合闸"标志牌。 3. 做断路器、隔离开关、有载调压装置等主设备远方传动试验时，主设备处设专人监视，并有通信联络或就地紧急操作措施。 4. 在进行二次回路绝缘检查时，及时告知相关工作人员远离被测电缆，摇测绝缘前后对被测电缆进行充分放电。 5. 在进行一次通流二次通压时，及时告知相关工作人员暂停工作	□合　格 □不合格	□合　格 □不合格	□合　格 □不合格
		施工示意图	如图 2-8-1 所示。 图 2-8-1　施工示意图	□合　格 □不合格	□合　格 □不合格	□合　格 □不合格

施工项目部自查日期：　　　　　　　监理项目部检查日期：　　　　　　　业主项目部检查日期：

检查人签字：　　　　　　　　　　　检查人签字：　　　　　　　　　　　检查人签字：

各参建单位及各二级巡检组监督检查情况见表 2-8-2。

表 2-8-2 各参建单位及各二级巡检组监督检查情况

建管单位：	监理单位：	施工单位：
（建设管理、监理、施工单位及各自二级巡检组监督检查情况，应填写检查单位、检查时间、检查人员及检查结果）		